循环流化床锅炉设备及运行

柴景起 主 编

孟祥泽 王建新 李兆民 马立民 副主编

内 容 提 要

循环流化床锅炉燃烧技术是目前商业化程度较高、应用前景较好的清洁煤燃烧技术。本书系统介绍了该技术涉及的相关知识，内容包括循环流化床锅炉原理，循环流化床锅炉设备介绍，循环流化床锅炉安装、检修与维护，循环流化床锅炉运行，锅炉事故分析与处理等。

本书适合于从事循环流化床锅炉运行、安装、检修及安全管理工作的技术人员、管理人员及技术工人使用，也可供能源与动力工程类专业的大中专院校师生学习和参考。

图书在版编目（CIP）数据

循环流化床锅炉设备及运行/柴景起主编．—北京：中国电力出版社，2018.11（2020.5 重印）
ISBN 978-7-5198-2598-0

Ⅰ．①循…　Ⅱ．①柴…　Ⅲ．①循环流化床锅炉-锅炉运行　Ⅳ．①TK229.6

中国版本图书馆 CIP 数据核字（2018）第 254702 号

出版发行：中国电力出版社
地　　址：北京市东城区北京站西街 19 号（邮政编码 100005）
网　　址：http：//www.cepp.sgcc.com.cn
责任编辑：韩世韬（010-63412373）　彭莉莉
责任校对：黄　蓓　朱丽芳
装帧设计：赵珊珊
责任印制：吴　迪

印　　刷：北京雁林吉兆印刷有限公司
版　　次：2018 年 12 月第一版
印　　次：2020 年 5 月北京第二次印刷
开　　本：787 毫米×1092 毫米　16 开本
印　　张：10.75
字　　数：235 千字
印　　数：2001—3000 册
定　　价：48.00 元

前 言

能源与环境是目前我国面临的两个重大问题，而能源生产过程又是环境污染的主要来源之一。我国是世界上最大的煤炭生产与消耗国，煤炭在我国的一次能源构成中占据着主要的地位。煤炭在燃烧过程中将产生大量的SO_2、NO_x、灰渣等污染物，严重污染生态环境。因此煤炭的高效率低污染燃烧技术对于社会的可持续发展具有重要的意义。

近年来，循环流化床锅炉以其洁净的燃烧技术在我国得到了长足的发展，呈方兴未艾之势。随着大容量循环流化床锅炉机组的投运，在安装和运行过程中也暴露出了一些问题。如何提高循环流化床锅炉的安装质量和运行维护的水平，确保机组能够长周期安全、稳定、高效运行是迫在眉睫的课题。

本书是作者多年来对循环流化床锅炉安装、检修、运行工作经验的总结，内容主要包括循环流化床锅炉原理，循环流化床锅炉设备介绍，循环流化床锅炉运行，循环流化床锅炉的安装、检修与维护，循环流化床锅炉事故分析与处理等。

本书由柴景起主编，孟祥泽、王建新、马立民、李兆民副主编，参加编写的还有王文斌、宋作印、孟令晋、鞠万坤、陈丽杰、李海、徐晓凯、岳文奇、宋朝辉。本书在编写过程中得到了中国电建集团山东电力建设第一工程有限公司、华电淄博热电有限公司、华电莱州发电有限公司及神华神东电力山西河曲发电有限公司、山东电力工程咨询院有限公司等单位的大力支持并提供部分资料，在此表示感谢。

由于编者的水平有限，书中疏漏与不妥之处在所难免，欢迎广大读者批评指正。

编 者

2018 年 12 月

目 录

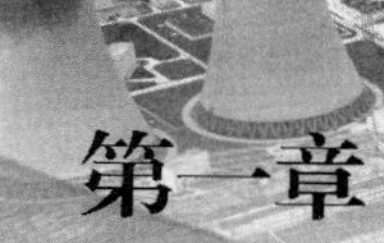

第一章 循环流化床锅炉原理

第一节 循环流化床锅炉燃烧技术

一、循环流化床锅炉的燃烧特点

循环流化床锅炉燃烧采用流态化燃烧方式，其主要特征是颗粒在离开炉膛出口以后，经旋风分离器收集，由返料器不断返回炉膛参加二次燃烧，因此循环流化床锅炉具有低温、强化燃烧的特点，床内温度为850~950℃。

在循环流化床锅炉中，流化床本身是一个积累了大量灼热物料的蓄热容量很大的热源，有利于燃料的稳定、迅速着火燃烧，即使燃用低热值的燃料时，每秒钟新加入的燃料也远小于灼热床料的1%。这些灼热床料大多为惰性物料，它们并不与新加入的燃料争夺氧气，却提供了一个丰富的热源，可将新加入的煤粒迅速加热，使其析出挥发分并稳定地着火燃烧。煤粒中的挥发分和固定碳燃烧后释放的热量，其中一部分用来加热床料，使炉内温度始终保持在一个稳定的水平。同时，一些未完全燃尽的颗粒随烟气被携带出炉膛，被旋风分离器收集，由返料器返回炉膛参加二次燃烧。所以，循环流化床锅炉对燃料的适应性强，不仅能烧优质燃料，也能烧劣质燃料，而且燃烧效率非常高，可达98%。

循环流化床锅炉的优点：对燃料的适应性好；燃烧效率高；高效脱硫；氮氧化物（NO_x）排放低；燃烧强度高，炉膛截面积小；负荷调节范围大，负荷调节快；易于实现灰渣综合利用。

循环流化床锅炉的缺点：

（1）飞灰的再循环燃烧，一次风机压头高、电耗大。

（2）膜式水冷壁变节处和裸露在烟气中冲刷的耐火材料砌筑部件磨损大。

（3）高温分离器和返料器内有耐火材料，砌体冷热惯性大，给快速启停带来困难。

（4）循环流化床锅炉对燃煤粒度及分布要求较高。若燃料制备不完善，带来的普遍问题是：锅炉达不到设计出力、磨损严重、燃烧效率不高和运行可靠性差。

二、循环流化床锅炉的燃烧区域

循环流化床锅炉在使用二次风后，通常将其燃烧区域分为下部的密相区（二次风口以下）、上部的稀相区（二次风口以上）和高温气固分离器区及返料器区。

1. 密相区

在密相区内，由一次风将床料和加入的煤粒流化。一次风量为燃料燃烧所需风量的50%~60%。新鲜的燃料及从高温旋风分离器收集的未燃尽的焦炭被送入该区域，燃料的挥发分析出和部分燃烧也发生在该区域，必须保证该区域的温度和燃烧份额。因此，该区域通常设计成卫燃带结构，该区域水冷壁由耐火材料敷盖，既可减少水冷壁的吸热，又能防止水冷壁的腐蚀和磨损。

该区域燃烧气氛为欠氧状态，呈还原性气氛，其内部充满灼热的物料，是一个稳定的着火热源，也是一个贮存热量的热库。当锅炉负荷增加时，增加一、二次风的比例，可使其输送数量较大的高温物料到炉膛的上部区域燃烧，并参与热质交换，当锅炉负荷低不需要分级燃烧时，二次风也可以停掉。

2. 稀相区

炉膛上部为区域较大的悬浮段为稀相区，周围为膜式水冷壁结构。所有工况下，燃烧所需要的空气都会通过炉膛上部区域，被输送到上部区域的焦炭和一部分挥发分在这里以富氧状态燃烧。大多数燃烧发生在这个区域，上部稀相区比下部区域高得多，或者在中心区随颗粒团向下运动。这样焦炭颗粒在被夹带至炉膛出口以前已沿炉膛循环运动了多次，焦炭颗粒在炉膛内停留时间增加，有利于焦炭颗粒的燃烧。

3. 高温气固分离器区及返料器区

大量实践证明：被夹带出炉膛的未燃尽的焦炭进入覆盖有耐火混凝土的旋风分离器后，在其内停留时间很短，而且该处氧浓度很低，因而焦炭在分离器中的燃烧份额很小。当这部分颗粒被带入返料器后，向其内送入返料风，一部分CO和挥发分以及固定碳也在返料器区燃烧。

三、循环流化床锅炉的燃烧份额及一、二次风配比

1. 燃烧份额

燃烧份额的定义为每一燃烧区域中燃烧量占总燃烧量的比例。一般可用燃料在各燃烧区域内释放出的发热量占燃料总发热量的百分比来表示。

2. 影响燃烧份额的因素

（1）煤种的影响。从表1-1可知，挥发分低的无烟煤及劣质煤的燃烧份额大，而挥发分高的煤，如褐煤，燃烧份额最小，即褐煤挥发分在密相床层析出后，一部分来不及在床层中燃烧，便被带往稀相层燃烧，因此其燃烧份额小。可见该推荐值主要考虑了挥发分对燃烧份额的影响。如果考虑试验粒径和粒径分布的影响，较小粒径的燃煤在密相层的燃烧份额还要乘以小于1的修正系数。

表1-1　　鼓泡流化床密相区燃烧份额推荐表

名　称	煤矸石	Ⅰ类烟煤	褐煤	Ⅰ类无烟煤
密相区燃烧份额 δ_d	0.85~0.95	0.75~0.85	0.7~0.8	0.95~1.0

由循环流化床中燃用焦炭和烟煤两种情况下燃烧室内燃烧份额沿床高的分布（见图

1-1）可看出：焦炭在密相区中的燃烧份额明显高于相近试验条件下烟煤在密相区的燃烧份额，表明煤中的挥发分有很大一部分被带到了稀相区进行燃烧；循环流化床密相区的燃烧份额远低于相同燃烧条件下（温度，一、二次风比例）鼓泡床密相区的燃烧份额。

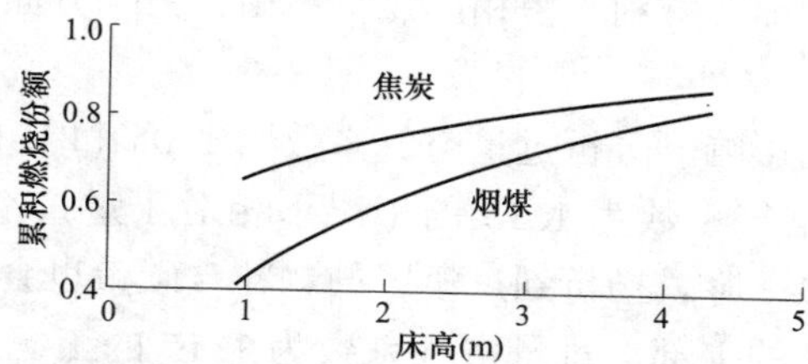

图 1-1　焦炭和烟煤两种情况下燃烧室内燃烧份额沿床高的分布

循环流化床锅炉密相区的燃烧份额比鼓泡床密相区燃烧份额低的原因如下：

1）循环流化床气体流速较高，床料粒度又比鼓泡床细得多，这样扬析到稀相区的物料量增多，稀相区碳颗粒在床内占的比例会有所增加，结果引起稀相区的燃烧份额上升，稀相区碳颗粒燃烧量的增加反过来会使密相区的含碳量降低，从而降低了密相区的燃烧份额。

2）循环流化床锅炉密相区燃烧处于一个很特殊的缺氧状态，虽然床中有大量的氧气存在，然而床内的 CO 浓度仍维持在很高的水平，如在密相区底部测得的氧气浓度在 13%左右，而 CO 浓度高达近 2%，表明循环流化床锅炉密相区燃烧局部处于缺氧状态。密相区中氧化气氛和还原气氛更替的频率特别快。由于气固两相流的行为，循环流化床锅炉密相区存在着气泡相和乳化相，气体主要以气泡的方式通过床层，而固体颗粒主要存在于乳化相中。与鼓泡床相比较，由于循环流化床气泡流速较高固体颗粒粒度又比较细，气泡相和乳化相之间的传质阻力对燃烧的影响显得更为突出。一方面，氧气不能充分进入到乳化相中，限制了碳颗粒的燃烧反应，而且不完全燃烧的产物 CO 和煤颗粒释放出的挥发分也得不到充足的氧气供应；另一方面，乳化相中的不完全燃烧产物 CO 和释放出的挥发分不能很快地传到气泡相中，因而不能进一步反应完全。因此在密相区中虽然有氧气存在，碳颗粒的燃烧仍处于缺氧状态，密相区中会产生大量的 CO，这些 CO 将和一部分挥发分被带到稀相区燃烧。这是循环流化床锅炉密相床中燃烧份额远低于鼓泡床密相区燃烧份额的一个很重要的原因。

（2）粒径和粒径分布的影响。在相同的流化速度下，粒径小的燃煤颗粒在密相区的燃烧份额会比较小。对于同样筛分范围的煤，由于细颗粒所占份额不同，燃烧份额也会不一样。当细粒份额增加时，被扬析到稀相区燃烧的煤颗粒份额增多，使密相区的燃烧份额减小。在循环流化床中，有许多国家采用窄筛分、小粒径的燃煤，在密相区的燃烧份额要小得多，在密相区没有布置埋管，并把水冷壁涂上耐磨层，只吸收少量热量也能维持密相区的热量平衡。

（3）流化速度的影响。当密相层断面缩小，流化速度增加时，同样粒径的燃煤粒子的燃烧份额也会减小。当前有不少循环流化床锅炉为了减少煤料破碎的困难和降低成本，采用宽筛分煤粒，国内一般用0~8mm或0~10mm的粒子。因此，在密相区选用较高的流化速度，使细粒被带往稀相区燃烧，从而使密相区燃烧份额降低，维持了密相区的热量平衡，并使放热和吸热分配趋于合理。

(4) 物料循环量的影响。当循环倍率提高时，一方面循环细颗粒对受热面的传热量及从密相区带走的热量增加，有利于密相区热量平衡；另一方面，细颗粒循环再燃的机会增加，使燃烧效率提高。

(5) 过量空气系数的影响。分析过量空气系数为1.05和1.15的工况下燃烧份额沿床高的分布情况。过量空气系数为1.15的工况下相对于过量空气系数为1.05的工况下，床内含碳量会有明显下降，扬析到过渡区的颗粒含碳量也会下降，因此在过渡区中燃烧量会下降。在稀相区的上部，过量空气系数为1.15的工况下氧气浓度比过量空气系数为1.05的工况下要高，虽然碳含量相对较低，燃烧份额在稀相区上部仍会有所增加。在密相区中，虽然过量空气系数为1.15的工况下密相区含碳量较空气系数为1.05的工况下要低，但密相区中的氧气浓度更高，在一定程度上氧气到达碳颗粒表面的机会要大，因此密相区中燃烧份额略有上升。

(6) 密相区床温的影响。密相区床温越高，床下部燃烧占的比重也就越大。这是由于床温越高，碳颗粒反应速率会越快，并且气体扩散速率也有所增加，这样有利于气体和固体的混合，因此密相区的燃烧份额会稍有上升。另外床温高了以后，挥发分的释放速度和反应速率会加快，因此在密相区上部和过渡区中燃烧份额会有明显增加。

3. 一、二次风的配比

在循环流化床锅炉中，一般将燃烧用空气分成一、二次风送入炉内，一、二次风比例的确定主要取决于以下几个因素：

(1) 一次风从密相区的布风板送入，一次风量应满足密相区燃料燃烧的需要，从良好的流化角度方面考虑，一次风比例相对大一些，根据密相区的燃烧份额搭配一次风量。

(2) 从减少 NO_x 的排放角度考虑，密相区的过量空气系数应接近于1，使密相区呈还原性气氛，二次风由侧墙送入，保证燃料完全燃烧，一次风的送入必须有充足的二次风分段送风燃烧。

综合以上因素：一次风比例占50%~60%；二次风比例占40%~50%。

当燃用挥发分低的劣质燃料时，采用较高的一次风率；当燃用挥发分高的燃料时，采用较低的一次风率。

第二节 循环流化床锅炉脱硫

不同的煤种，其含硫量差异很大，一般在0.1%~10%之间，并以三种形式存在于煤中，即黄铁硫矿、有机硫和磷酸盐硫。其中黄铁硫矿、有机硫是燃煤中 SO_2 的主要来源。

一、二氧化硫的生成

燃煤给入循环流化床锅炉后，其中的硫分（黄铁硫矿、有机硫）首先被氧化生成

二氧化硫，其反应为

$$S+O_2 =\!=\!= SO_2+296kJ/mol$$

由于燃煤矿物质中含有 CaO 而具有自脱硫能力，能脱去部分的 SO_2，即

$$CaO+\frac{1}{2}O_2+SO_2 =\!=\!= CaSO_4+486kJmol$$

部分 SO_2 还会反应生成 SO_3，即

$$SO_2+\frac{1}{2}O_2 =\!=\!= SO_3$$

但是，由于 SO_3 的生成在高温、高压下进行得更加活跃，一般情况下，在循环流化床中，由于反应温度较低（850℃左右），SO_3 生成反应的反应速率很低，只有很小一部分的 SO_2 转化成 SO_3。SO_2 和 SO_3 如果不经过处理直接排入大气，与空气中的水蒸气反应，就会形成酸雨。

二、二氧化硫的固定

二氧化硫的固定是指将 SO_2 由气态转入固态化合物中，从而达到脱除 SO_2 的目的。

因为石灰石是世界上分布极广、蕴藏量极为丰富且价格相对低廉的矿物，所以循环流化床锅炉采用向炉内添加石灰石颗粒（也称脱硫剂）的方法来脱除 SO_2。

石灰石加入炉内后，首先发生煅烧反应，即

$$CaCO_3 =\!=\!= CaO+CO_2-183kJ/mol$$

生成的 CaO 进一步与 SO_2 反应，生成相对惰性和稳定的 $CaSO_4$ 固体，即

$$CaO+SO_2 =\!=\!= CaSO_3$$

$$CaSO_3+\frac{1}{2}O_2 =\!=\!= CaSO_4$$

$$SO_2+\frac{1}{2}O_2 =\!=\!= SO_3$$

$$CaO+SO_3 =\!=\!= CaSO_4$$

反应的第二途径，即经过 SO_3 的反应，只是在有重金属盐作为催化剂时才发生反应。

第三节　循环流化床锅炉的基本结构及燃烧技术的应用发展

20 世纪中期，随着工业的迅速发展，包括大量燃煤锅炉在内的工业过程产生了严重的污染问题，迫切要求发展洁净煤技术，包括煤的清洁燃烧技术。在 60 年代末至 70 年代初期，流化床煤燃烧技术应运而生。

一、循环流化床锅炉的基本结构

图 1-2 为一燃煤循环流化床锅炉系统示意图。部分床料被烟气带出炉膛进入旋风分

离器，在分离器中绝大部分固体颗粒被分离出来，通过返料器被送回炉膛下部，构成了床料的再循环回路。烟气则带着分离器不能分离的细颗粒飞灰进入尾部烟道，将热量传给尾部受热面后，经过除尘器由烟囱排入大气。循环流化床锅炉的一次风要克服布风板和床层的阻力，因此须和二次风系统分开，并采用高压的一次风机。为了减少漏风，一般循环流化床锅炉采用管式空气预热器。

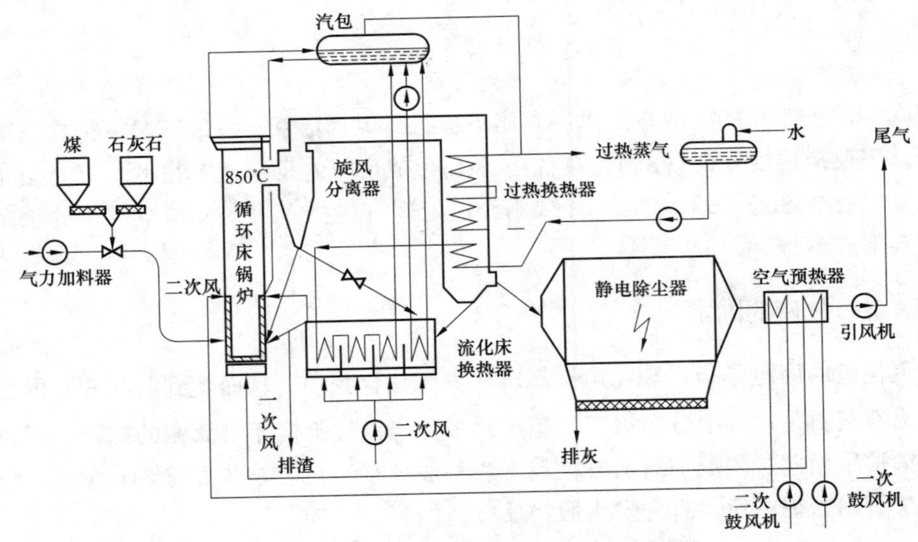

图 1-2　燃煤循环流化床锅炉系统示意图

循环流化床锅炉可分为两部分：

第一部分为物料循环回路，主要设备有炉膛（快速流化床）、高温旋风分离器、回料器等。燃料的燃烧主要在炉膛中完成，通常布置有水冷壁、屏式过热器。

第二部分为对流烟道。与煤粉炉相近，对流烟道中布置有过热器、再热器、省煤器和空气预热器，烟气的余热在对流烟道中被吸收。

循环流化床锅炉的燃烧和传热过程与煤粉炉完全不同，其固体床料的循环系统是常规燃煤锅炉所没有的，在结构上与常规燃煤锅炉的不同之处主要在于以下部件和系统：启动燃烧器、风箱和布风板、炉底灰排灰系统、给料系统、分离器、防磨耐火材料系统、炉膛、固体床料再循环回路上的换热器等。

二、循环流化床燃烧技术的应用发展

20 世纪 70 年代，德国鲁奇（Lurgi）公司第一个申请了循环流化床的专利权，并很快获得了应用。第一台较大容量的循环流化床锅炉于 1985 年 9 月 1 日在德国杜易斯堡第一热电厂投运，其容量为 95.8MW（270t/h）。经过一年多的调整、完善改造和试运行，显示了该技术的良好特性，既符合环境保护要求，又具有很高的经济性，被称为“清洁燃烧”的高新技术。美国 ABB-CE 公司引进 Lurgi 技术制造的两台 160MW 循环流化床锅炉机组安装于美国德克萨斯大林州 Waco 电厂，分别于 1990 年 9 月和 1991 年 10

月正式投入运行。芬兰奥斯龙公司是世界上循环流化床锅炉的最大供应商，市场份额达40%左右。

主循环回路是循环流化床锅炉的关键，其主要作用是将大量的高温固体物料从气流中分离出来，送回燃烧室，以维持燃烧室的稳定的流态化状态，保证燃料和脱硫剂多次循环、反复燃烧和反应，以提高燃烧效率和脱硫效率。主循环回路不仅直接影响整个循环流化床锅炉的总体设计、系统布置，而且与其运行性能有直接关系。分离器是主循环回路的主要部件，因而人们通常把分离器的形式、工作状态作为循环流化床锅炉的标志。

1. 经典的绝热旋风分离循环流化床燃烧技术

德国Lurgi公司较早地开发出了采用保温、耐火及防磨材料砌装成筒身的高温绝热式旋风分离器的循环流化床锅炉。分离器入口烟温在850℃左右。Lurgi、芬兰奥斯龙Ahlstrom公司，以及由其技术转移的Stein、ABB-CE、AEE、EVT等公司设计制造的循环流化床锅炉均采用了此种形式。这种分离器具有相当好的分离性能，使用这种分离器的循环流化床锅炉具有较高的性能。据统计，目前国际上有78%的循环流化床锅炉采用了高温绝热旋风分离器（见图1-3），但这种分离器也存在一些问题，主要是旋风筒体积庞大，因而钢耗较高，锅炉造价高，占地面积较大，旋风筒内衬耐火材料用量大，砌筑要求高；启动时间长、运行中易出现故障；密封和膨胀系统复杂；尤其是在燃用挥发分较低或活性较差的强后燃性煤种时，旋风筒内的燃烧导致分离后的物料温度上升。但这种技术的成熟程度比较高，积累了大量的经验。

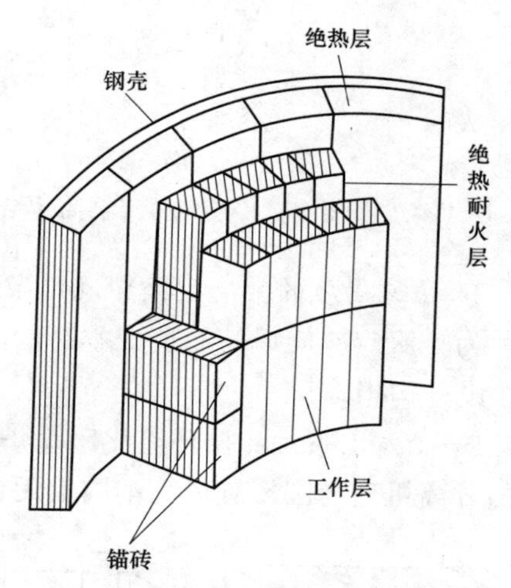

图1-3　高温绝热旋风分离器的筒体结构

Circofluid的中温分离技术在一定程度上缓解了高温旋风筒的问题。炉膛上部布置较多数量的受热面，降低了旋风筒入口烟气温度和体积，旋风筒的体积和重量有所减小，因此在一定程度上克服了绝热旋风筒技术的缺陷，提高了其运行可靠性。但该技术炉膛上部需要布置大量的受热面以降低炉膛出口烟气温度，需要采用塔式布置，炉膛较高，钢耗量大，锅炉造价有所提高。

2. 进化的冷却型旋风分离循环流化床燃烧技术

为保持绝热旋风筒循环流化床锅炉的优点，同时有效地克服该炉型的缺陷，Foster Wheeler公司设计出了水（汽）冷旋风分离器，其结构见图1-4。该分离器外壳由水冷或汽冷管弯制、焊装而成，取消绝热旋风筒的高温绝热层，代之以受热面制成的曲面，并在其内侧布满销钉，涂一层较薄厚度的高温耐磨浇注料。壳外侧覆以一定厚度的保温层，内侧只敷设一薄层防磨材料，见图1-5。水（汽）冷旋风筒可吸收一部分热量，分离器内物料温度不会上升，甚至略有下降，较好地解决了旋风筒内侧防磨问题。该公司投运的循环流化床锅炉从未发生回料系统结焦的问题，也未发生旋风筒内磨损问题，充分显了其优越性。但水（汽）冷旋风分离器的生产工艺复杂，制造成本较高。

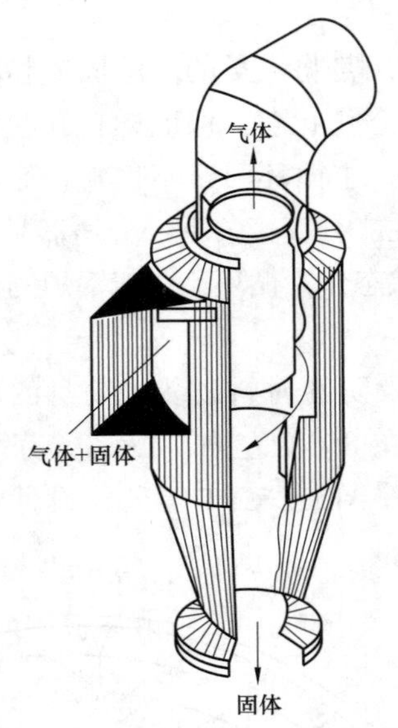

图 1-4 水（汽）冷旋风分离器筒体结构

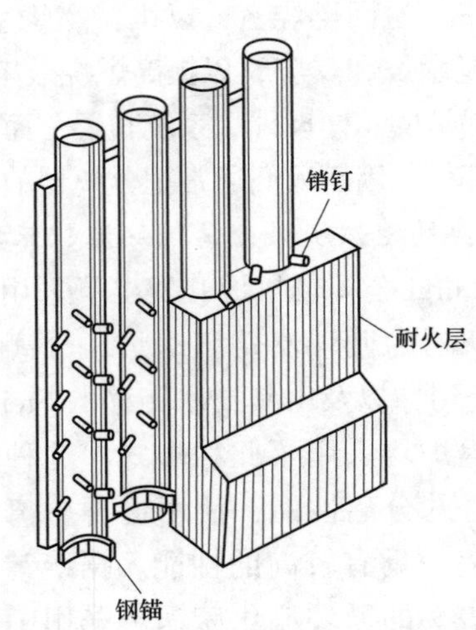

图 1-5 水（汽）冷旋风筒耐火材料示意图

3. 快速发展的紧凑型循环流化床燃烧技术

为克服汽冷旋风筒制造成本高的问题，Ahlstrom 公司创造性地提出了 Pyroflow Compact 设计构想。

Pyroflow Compact 循环流化床锅炉采用了其独特的专利技术——方形分离器，分离器的分离机理与圆形旋风筒本质上无差别，壳体仍采用 FW 式水（汽）冷管壁式，分离器的壁面作为炉膛壁面水循环系统的一部分，因此与炉膛之间免除了热膨胀节。同时方形分离器可紧贴炉膛布置，从而使整个循环流化床锅炉的体积大为减小，布置紧凑。此外，为防止磨损，方形分离器水冷表面敷设了一层薄的耐火层，使锅炉启动和冷却速率加快。图 1-6 是 Pyroflow 紧凑型分离器示意图。

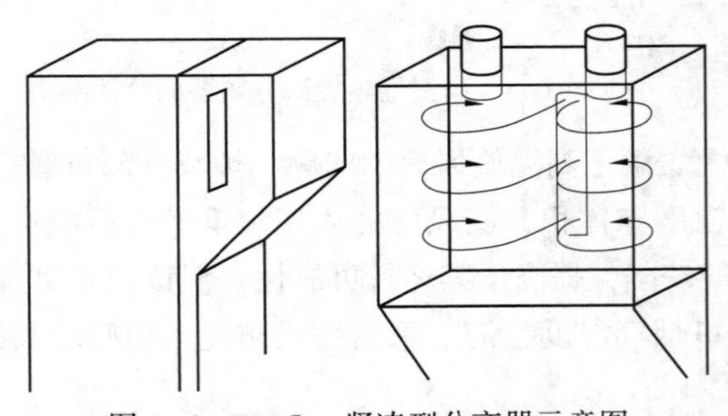

图 1-6 Pyroflow 紧凑型分离器示意图

水冷或汽冷的方形旋风分离器与不冷却的钢板卷成的旋风筒制造成本基本相当，考虑到前者所节省的大量保温和耐火材料，最终的实际成本有所下降。此外它还减少了散热损失，提高了锅炉效率。同时由于保温厚度的减少，可以提高启停速度，启停过程中床料的温升速率不再取决于耐火材料，而主要取决于水循环的安全性，使得启停时间大大缩短。

4. 循环流化床燃烧技术的发展前景

循环流化床锅炉制造厂家和研究机构都十分重视循环流化床锅炉的大型化。目前 300MW 等级循环流化床锅炉已经有几个示范工程。大容量、亚临界循环流化床锅炉技术已趋于成熟，蒸汽参数为18.3MPa的300MW循环流化床锅炉和600MW超临界循环流化床锅炉现已投入运行。

20世纪80年代末期，蒸汽循环的要求使最大的带有过热和单级再热的自然循环锅炉的运行压力提高到了18.6MPa。从90年代初期至今，这一运行参数已被证明是可靠的。资料表明：9.81MPa、535℃的高压锅炉电站供电效率为30.04%；12.7MPa、535℃的再热锅炉电站供电效率为32.16%；16.3MPa、535/537℃的亚临界锅炉电站供电效率为37.12%；24.3MPa、540/560℃的超临界锅炉电站供电效率为40.95%。主蒸汽压力对供电效率有明显影响。大型电厂普遍采用的煤粉燃烧锅炉是沿着低压、高压、再热、亚临界、超临界这一条路发展起来的。由于循环流化床锅炉的低温燃烧，炉膛中的热流比传统炉膛低很多，这就使超临界直流循环流化床锅炉可以在相对低的质量流速和相对高的工质温度条件下工作。

循环流化床锅炉比煤粉炉更适合采用超临界参数。在循环流化床锅炉中，炉膛是唯一的蒸发器，没有水平管簇。炉膛的固有特点决定了它在超临界滑压运行中的显著优势。

循环流化床锅炉燃烧室的传热系数和温压较低，亦即低热流。对于同样的负荷，循环流化床锅炉的炉膛截面积接近于煤粉炉，但单位受热面积上的传热量较小。平均炉膛设计面积上的较低热量输入（NHI/PA）导致了低的热流。循环流化床锅炉和煤粉炉的平均NHI/PA分别为1.605×106W/m^2和5.664×106W/m^2。总的来说，循环流化床炉膛中的热流率要比煤粉炉中低得多。

由于流化床中气固两相流动对受热面的冲刷，使得水冷壁的粘污系数较小，沉积物非常少且分布均匀，炉墙清洁，水冷壁发生传热恶化的情况大幅减少。

循环流化床燃烧室中热流横向分布比较均匀，纵向上部比下部低，下部较高部位被耐火材料覆盖。最高热流出现在底部，并随着炉高增加而逐渐减小，而工质温度恰恰相反，最冷的工质恰好在最高热流处。这种特性使水冷壁面不至于超温，在循环流化床锅炉中发生传热恶化的几率比煤粉炉小得多。

循环流化床锅炉的负荷调节范围广。

循环流化床锅炉投资和运行费用适中。循环流化床锅炉的投资和运行费用略高于常规煤粉炉，但比配脱硫装置的煤粉炉低15%~20%。循环流化床锅炉加石灰石在炉内脱硫即可达到SO_x国家排放标准，而煤粉炉要想达到SO_x国家排放标准还需加装脱硫设备，使供电煤耗增加。

NO_x的排放：在煤粉炉中，火焰温度较高，导致NO_x的排放相对较高，即使采用性能较好的低NO_x燃烧器，NO_x的排放要低于300ppm仍比较困难。由于循环流化床锅炉采用低温燃烧和分机送风，其NO_x的排放较小，一般为200ppm以下。

随着循环流化床锅炉大型化的发展和250MW再热循环流化床锅炉的顺利运行，国际上多家循环流化床发展商均展开了超临界循环流化床的研究。

5. 我国循环流化床燃烧技术的发展

在20世纪80年代初，国家科委首次对煤的流化床燃烧技术进行了深入的研究，随后对循环流化床锅炉与相关产品进行了深入的研发。1984 年，国内 2.8MW 的热功率循环流化床燃烧试验诞生，它说明流化床燃烧技术从冷态实验与理论研究转向热态。从 80 年代中期开始，大多数中小型锅炉制造厂开始与研究院所建立合作关系，对循环流化床锅炉实施项目研发，到 90 年代中期，已经有 200 多台 75t/h 的循环流化床锅炉进入运行状态。

在 90 年代中期，国内锅炉制造厂先后引进了一大批先进的技术，220t/h 循环流化床锅炉进入国内市场，机组中的中等技术含量循环流化床锅炉让国内循环流化床锅炉技术得到了整体改善，同时也在商业市场上获得了很好的位置。在这过程中，四川白马电厂成功投运了 410t/h 高温高压循环流化床锅炉，这对国内循环流化床锅炉的发展起到了很大作用。90 年代末期，中国开始重视环境问题，同时电力工业也对产业结构进行了协调，整体上开始倾向于对老旧机组进行改造，以促进循环流化床锅炉技术的应用，这为循环流化床锅炉迎来了新的发展机遇，在国家政策的资助下，国内大型锅炉制造厂实施了 600MW 的超临界循环流化床锅炉前期准备工作。2009 年 1 月，由西安热工研究院与哈尔滨锅炉厂联合开发的 330MW 循环流化床锅炉在江西投入正式运行，锅炉具有流化均匀、床体稳定、床温和汽温调节特性良好，各项性能参数达到设计值。表明我国已完整地掌握了大型循环流化床锅炉的核心技术。2013 年 4 月 14 日，由东方锅炉厂设计开发的 600MW 超临界循环流化床锅炉在四川白马电厂成功投运，该锅炉蒸汽参数为：主蒸汽压力 25.4MPa、主蒸汽温度 571℃、再热蒸汽温度 569℃。白马电厂 600MW 超临界循环流化床锅炉的成功投产标志着我国已具备大型超临界循环流化床锅炉的设计、制造、安装、调试、运行等各方面技术。

循环流化床锅炉技术已经成为商业化典型的清洁煤技术，在整个发展中循环流化床锅炉将朝着大型化、大容量、高参数、模块化的发展方向。

第二章 循环流化床锅炉设备介绍

第一节 75t/h 循环流化床锅炉

一、75t/h 水冷方形分离循环流化床锅炉简介

锅炉采用单汽包横置式自然循环，Π型布置，自炉前向炉后依次布置燃烧室、分离器、尾部烟道。根据燃料的成分差异以及脱硫要求，燃烧室设计工作温度不同，在870~950℃之间。炉膛由膜式水冷壁构成，截面积为18~19m^2，燃烧室净高为20~23m，炉膛下部前后墙收缩成锥形炉底，前墙水冷壁延伸成水冷布风板，并与两侧水冷壁共同形成水冷风室。布风板水冷壁的鳍片上安装风帽。燃烧室下部水冷壁焊有密度较大的销钉，敷设较薄的高温耐磨材料。炉膛出口布置两个膜式水冷壁构成的方形分离器，分离器前墙与燃烧器后墙共用，分离器入口加速段由燃烧室后墙弯制形成；分离器后墙同时作为尾部竖井的前包墙，该屏水冷壁向下收缩成料斗，向上的一部分直接引出吊挂，另一部分向前并穿越燃烧器后墙分别构成分离器顶棚和燃烧室顶棚。燃烧室后墙、分离器两侧墙水冷壁向上延伸，与分离器的顶棚、汽冷顶棚包墙构成分离器出口区，尾部竖井汽冷包墙和分离器后墙围成膜式壁包墙，分离器、转向室与尾部包墙结合成为一体。省煤器之前的所有炉墙均为膜式壁结构，采用吊挂处理；省煤器之后为轻型护板炉墙，采用支撑结构。高温过热器布置在燃烧器上部，低温过热器布置在尾部汽冷包墙内。锅炉采用钢架结构，由前向后共计三排柱。

锅炉燃烧所需空气分别由一、二次风机提供，炉内燃烧产生的大量烟气携带物料经分离器的入口加速段加速进入分离器，将烟气和物料分离。物料经料斗、料腿、J型阀再返回炉膛；烟气自中心筒进入分离器出口区，流经转向室，进入尾部烟道。尾部烟道自向而下依次布置低温过热器、省煤器、二次风空气预热器。低温过热器位于包墙内，为光管错列布置；省煤器采取两级布置，高温段为顺列鳍片管，低温段为错列光管；空气预热器为立管式、卧管式或热管式。为减少磨损，在控制烟速的同时加防磨盖板、压板及防磨瓦，对局部也作了相应的处理。

锅炉给水经省煤器加热后进入汽包；汽包内的饱和水经集中下降管、分配管分别进入燃烧室水冷壁和分离器水冷壁下集箱，加热蒸发后流入上集箱，然后进入汽包；饱和蒸汽流经顶棚管、后包墙管、侧包墙管，进入低温过热器，由低温过热器加热后进入减温器调节汽温，然后经高温过热器加热到额定蒸汽温度，进入集汽集箱至主汽阀。

锅炉主要技术参数如下：

汽包中心标高：26 700mm。

本体宽度（柱中心线）：7100mm。

锅炉深度（柱中心线）：11 090mm。

按分离器的设置，采用两套返料装置。料腿悬吊在水冷灰斗上。料腿下部为高流率小风量自平衡J型阀，将循环物料送入炉膛。应用床下点火，启动床料升温速度为5~10℃/min，冷启动时间约2h，用油1t左右。在分离器内水冷壁上密焊销钉，涂一层很薄的耐磨浇注料，防磨材料因受工质冷却而工作在较低的温度下，具有更强的防磨性能。

75t/h水冷方形分离循环流化床锅炉的设计参数见表2-1。

表2-1　75t/h水冷方形分离循环流化床锅炉设计参数

主蒸汽流量（kg/s）	主蒸汽温度（℃）	主蒸汽压力（MPa）	给水温度（℃）	床层温度（℃）	过量空气系数	回灰温度（℃）	排烟温度（℃）	锅炉效率（%）
20.83	450	3.82	150	900	1.41	885	148	88

入炉煤粒度要求为0~8mm，实践证明，少量大于8mm的颗粒对运行没有影响，因此一般的燃料制备系统即可满足要求。为达到良好的脱硫效果，要求石灰石粒径为0~1mm。

二、75t/h绝热旋风筒循环流化床锅炉简介

75t/h绝热旋风筒循环流化床锅炉为中温中压循环流化床锅炉，结构简单、紧凑，锅炉本体由燃烧设备、给煤装置、床下点火装置、分离和返料装置、水冷系统、过热器、省煤器、空气预热器、钢架、平台扶梯、炉墙等组成，见图2-1。

锅炉主要技术参数如下：

额定蒸发量：75t/h。

额定蒸汽压力：3.82MPa。

额定蒸汽温度：450℃。

给水温度：150℃。

排烟温度：约150℃。

锅炉设计效率：90%。

流化床布风板采用水冷布风板结构，有效面积为7.7m^2；布风板上有665只风帽，风帽间填保温混凝土和耐火混凝土。

空气分为一次风和二次风，一、二次风之比为60∶40，一次风从炉膛水冷风室两侧进入，经布风板风帽小孔进入燃烧室。二次风在布风板上沿高度方向分两次送入。布风板上布置了2根ϕ219的放渣管，可接冷渣机。

炉前布置了三台螺旋给煤装置，煤通过落煤管送入燃烧室。落煤管上布置有送煤风和播煤风，以防给煤堵塞。送煤风和播煤风接一次风，约为总风量的4%，每只送风管、

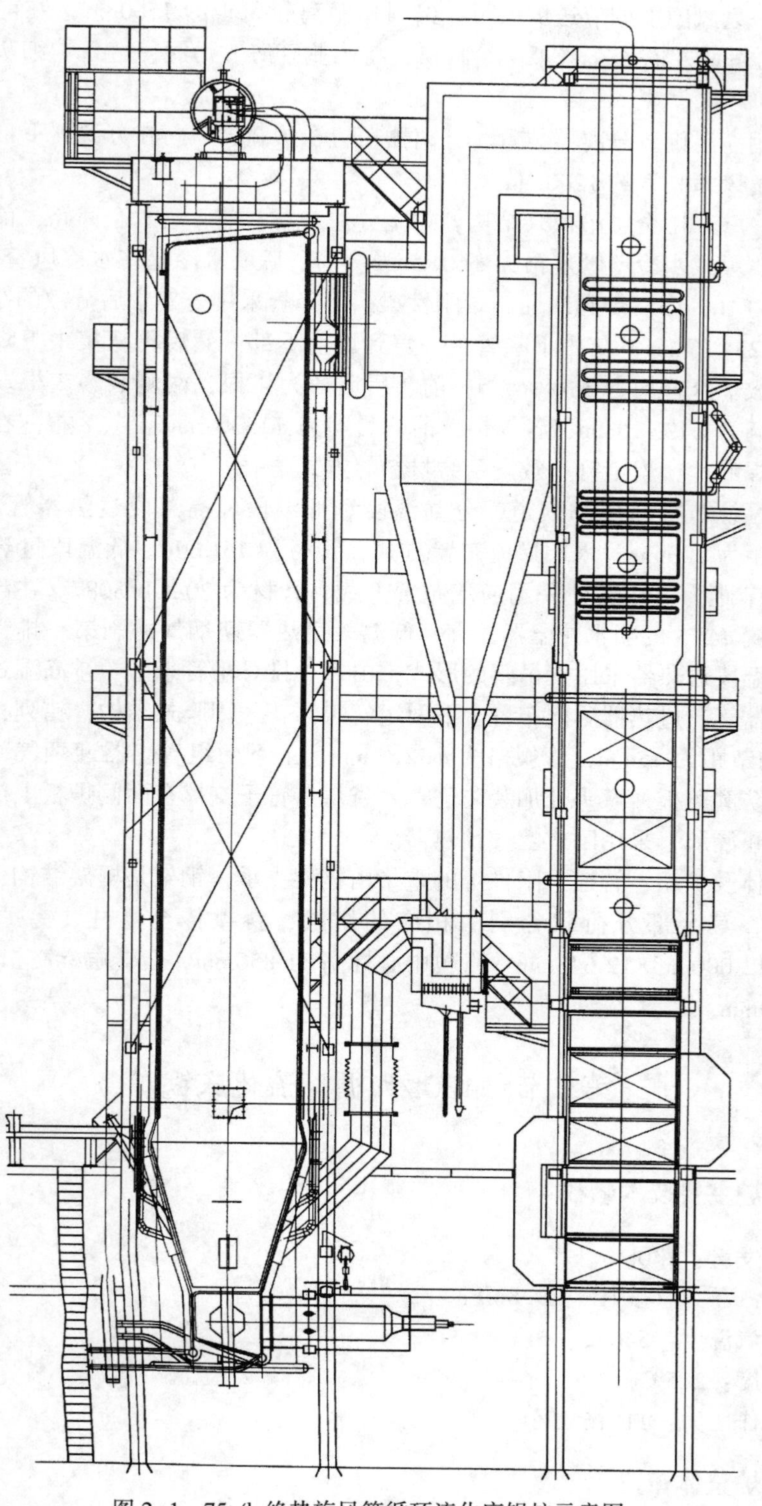

图 2-1　75t/h 绝热旋风筒循环流化床锅炉示意图

播风管安装一只风门以调节送煤风量。给料口距离布风板约1500mm。在前墙水冷壁中心标高约8000mm左右处布置了一给料口，将工业废渣、污泥、链条炉细灰等送入炉膛燃烧。

锅炉采用高温旋风分离器装置，分离器布置在炉膛出口。在分离器下部布置返料装置，返料口离风帽高度约1200mm。

炉膛水冷壁采用全悬吊模式结构，炉室分左、右、前、后六个回路，前后墙水冷壁各两个回路；膜式水冷壁管规格为ϕ60×5mm，前、后墙水冷壁在水冷风室区域为ϕ51×5mm，节距为100mm。炉膛四周布置刚性梁。下降管采用先集中后分散的结构，由汽包引出2根ϕ325×16mm的集中下降管，一直到炉前下部，然后再从集中下降管引出分散下降管，分散下降管均为ϕ108×4.5，前、后墙各为4根，两侧墙为3根。汽水连接管直径，两侧墙为ϕ133×6mm，各3根，前、后墙为ϕ133×6mm，共8根。在水冷壁易磨损部位采用焊鳍片、焊销钉、敷设耐磨材料等方式防磨。

过热器系统布置在尾部烟道，分高温段和低温段。高温段过热器管规格为ϕ42×3.5mm，节距为200mm，采用逆流布置方式，管材为15CrMo。低温段过热器管规格为ϕ32×3mm，节距为100mm，采用逆流布置方式，管材为20/GB 3087。在高、低温段过热器之间布置ϕ273的喷水减温器。高、低温段过热器迎烟气冲刷第一排管设有防磨盖板。高、低温段过热器采用管吊管的形式，由每一排悬吊管来吊一排高温过热器管、两排低温过热器管。过热器后面布置上下两组省煤器，采用膜式结构，错列，横向节距为80mm，纵向节距为45mm，管规格为ϕ32×4mm。上下两组省煤器迎烟气冲刷第一、二排管子加装防磨盖板，弯头处加装防磨罩。省煤器管子支撑在两侧护板上。由于空气压力高，为防止漏风，采用卧式空气预热器。

锅炉本体及炉墙、管道、附件等的重量由钢架支承，钢架是框架结构，炉室悬吊于炉顶主梁上，其余部分荷载分别由相应的横梁、斜撑传至立柱。锅炉外形尺寸为33 850mm×12 000mm×12 648mm，汽包中心标高31 850mm，运转层标高7000mm，操作层标高4200mm。

第二节　130t/h循环流化床锅炉

一、锅炉主要技术参数

额定蒸发量：130t/h。
额定蒸汽压力（表压）：9.8MPa。
额定蒸汽温度：540℃。
给水温度：215℃。
汽包工作压力：11.16MPa。

二、锅炉整体布置

锅炉为高压参数、单汽包、自然循环蒸汽锅炉，采用循环流化床燃烧方式，高温分离。

锅炉主要由燃烧室、高温旋风分离器、非机械回料阀和尾部对流烟道四部分组成。燃烧室位于锅炉前部，四周和顶棚布置有膜式水冷壁，底部为略有倾斜的水冷布风板，布风板下方布置有水冷风室。燃烧室上部与前墙垂直布置4片Ⅱ级过热器屏。燃烧室后有两个平行布置的高温旋风分离器，非机械回料阀位于旋风分离器下部，且与燃烧室和分离器相连接。燃烧室、旋风分离器和非机械回料阀构成了粒子循环回路。尾部对流烟道在锅炉后部，烟道上部的四周及顶棚由包墙过热器组成，其内沿烟气流程依次布置有Ⅲ级过热器和Ⅰ级过热器，下部烟道内依次布置有省煤器和卧式空气预热器，一、二次风分开布置。

锅内采用单段蒸发系统，下降管采用集中与分散相结合的供水方式。

过热蒸汽温度采用二级喷水减温调节。

锅炉采用露天布置，8m运转层下按全封闭设计，汽包两端设有炉顶小室。

锅炉构架采用全钢焊接结构。

锅炉采用支吊结合的固定方式，除旋风分离器和空气预热器为支撑结构外，其余均为悬吊结构。

为防止因炉内爆炸引起水冷壁和炉墙的破坏，锅炉设有刚性梁。

第三节　220t/h循环流化床锅炉

一、锅炉主要技术参数

额定蒸发量：220t/h。

最大连续蒸发量：240t/h。

额定蒸汽温度：540℃。

额定蒸汽压力：9.81MPa。

给水温度：215℃。

排烟温度：136℃。

锅炉保证热效率：89.56%。

脱硫效率（Ca/S=2.3）：≥90%。

二、总体结构

220t/h循环流化床锅炉为单汽包自然循环、全悬吊膜式水冷壁结构。炉膛布风板到炉顶的总高度为32m，炉膛横截面积为52m^2。炉膛内布置有4片过热蒸汽屏和2片水冷蒸发屏。炉底部采用内嵌逆流柱型风帽，可有效地防止布风板漏渣。防磨层高度为8m，其独特的垂直让管结构，可防止物料贴壁流造成的水冷壁磨损。

为了加强二次风在炉内的掺混作用，采用了前后墙布置的大直径、高流速的二次风布置。此外，为提高燃用无烟煤的燃烧效率，炉膛设计燃烧温度为930℃。

两只汽冷旋风分离器布置在炉膛和尾部烟道之间。旋风分离器筒体采用膜式汽冷壁结构，管内流动介质来自汽包的饱和蒸汽。分离器下部各有一个返料器，将分离下来的循环物料送回炉膛。

高、低温过热器，省煤器和空气预热器依次布置在尾部烟道中，其中转向室到低温过热器的尾部烟道部分采用过热器包覆墙设计。汽包中心线标高 41m，炉膛顶棚管标高 37.6m，运转层标高 8.0m，锅炉宽度（两侧柱距离）23.0m，锅炉深度（Z1 与 Z4 距离）25.1m。

三、汽水系统

给水进入省煤器进口集箱后，经过水平布置的三级膜式省煤器，汇集到出口集箱，再通过省煤器吊挂管进入汇集箱，由引出管引入汽包。

锅炉采用自然循环，汽包内的锅炉水由 3 根集中下降管分配到炉膛的膜式水冷壁进口集箱，经膜式水冷壁加热后，汽水混合物经上集箱、汽水引出管引入汽包进行汽水分离。分离出来的饱和蒸汽从汽包顶部的蒸汽连接管引至汽冷旋风分离器管内，然后依次经过包墙过热器、低温过热器、一级减温器、屏式过热器、二级减温器和高温过热器进入主蒸汽管道。

四、烟风流程

锅炉采用平衡通风，炉膛出口处烟气压力控制为-100Pa。一次风经空气预热器升温后分为两路：第一路由风道引入炉底一次风室，经布风板上布置的风帽进入炉膛；第二路由风道引至炉前加煤管，随给煤一起进入炉膛。二次风经空气预热器升温后，由二次风风道引至炉前的二次风箱，从二次风箱引出支管，经喷口进入炉膛。

五、排渣方式

底渣通过布风板上的 3 根放渣管排出炉膛，其中 2 根放渣管直接与 2 个滚筒式冷渣器相连，冷渣器将高温底渣冷却后排至输渣系统。

六、启动装置

锅炉采用两只床下油点火燃烧器、高能点火器及火焰检测装置，它们均布置在水冷风室的后墙。点火燃烧器所需的助燃空气为一次风，生成的 900℃左右的热烟气从炉底均匀通过布风板进入炉膛，可将床内物料加热到 600℃左右。

第四节　410t/h 循环流化床锅炉

一、锅炉主要技术参数

额定蒸发量：410t/h。

额定蒸汽温度：540℃。

额定蒸汽压力：9.82MPa。

给水温度：215℃。

排烟温度：139℃。

锅炉热效率：91.87%（脱硫时）。

脱硫效率：90%。

二、总体结构

1. 总体布置

采用单汽包横置式自然循环锅炉，自前向后依次布置燃烧室、水冷方形分离器、尾部竖井。膜式壁系统和过热器、省煤器均为吊挂结构，空气预热器为支撑结构。采用全钢架型结构，室外布置。锅炉总图见图2-2。由于循环流化床锅炉燃烧室内固体物料浓度很高，因而炉室要有良好的密封和防磨措施，为此采用膜式壁结构，锅炉燃料所需空气分别由一、二次风机提供。一次风机出口的风经一次风空气预热器冷段和热段后，其中一部分由左右两侧风道引入炉前水冷风室中，通过安装在水冷布风板上的风帽进入燃烧室；另一部分由布置在前后墙的上一次风进入燃烧室。二次风经布置在一次风空气预热器冷段与热段之间的二次风空气预热器后，由播煤风口、两侧上二次风口进入炉膛。燃料在炉膛内燃烧产生大量烟气和灰颗粒；烟气携带大量未燃尽的碳粒子离开下部到上部，进一步燃烧放热后，进入水冷方形分离器中，烟气和物料分离。被分离出来的物料经料斗、料腿、J型阀再返回至炉膛，实现循环燃烧。经分离器后的“洁净”烟气经分离器出口区、转向室、低温过热器、省煤器、一次风空气预热器热段、二次风空气预热器、一次风空气预热器冷段，由尾部烟道排出。燃料经燃烧后所产生的较大粒径的渣由炉底排渣管排出。

锅炉给水经给水混合集箱，由省煤器加热后，经省煤器自身和初级过热器、末级过热器的吊挂管进入出口集箱，通过连接管进入汽包。汽包内的饱和水由集中下降管、分配管进入水冷壁下集箱、上升管、上集箱，然后从引出管进入汽包。饱和水及饱和蒸汽混合物在汽包内经汽水分离装置分离后，饱和蒸汽通过引入管进入转向室顶棚管、尾部后包墙、尾部侧包墙、尾部前包墙至位于尾部竖井包墙中的低温过热器，经过喷水减温器后流入布置在炉膛中的屏式过热器，经过二次喷水减温器进入尾部竖井上部的末级过热器，被加热到额定参数后进入集汽集箱，最后从主汽阀进入主蒸汽管道。

2. 锅炉基本尺寸

运转层平台标高：8000mm。

汽包中心标高：45 000mm。

锅炉宽度（柱中心线）：23 500mm。

锅炉深度（柱中心线）：22 500mm。

炉膛由膜式水冷壁构成，截面为13 810mm×6770mm，净空高约34.9m。前后墙在炉膛下部收缩形成锥形炉底，前墙水冷壁向后弯，与两侧水冷壁共同形成水冷布风板和

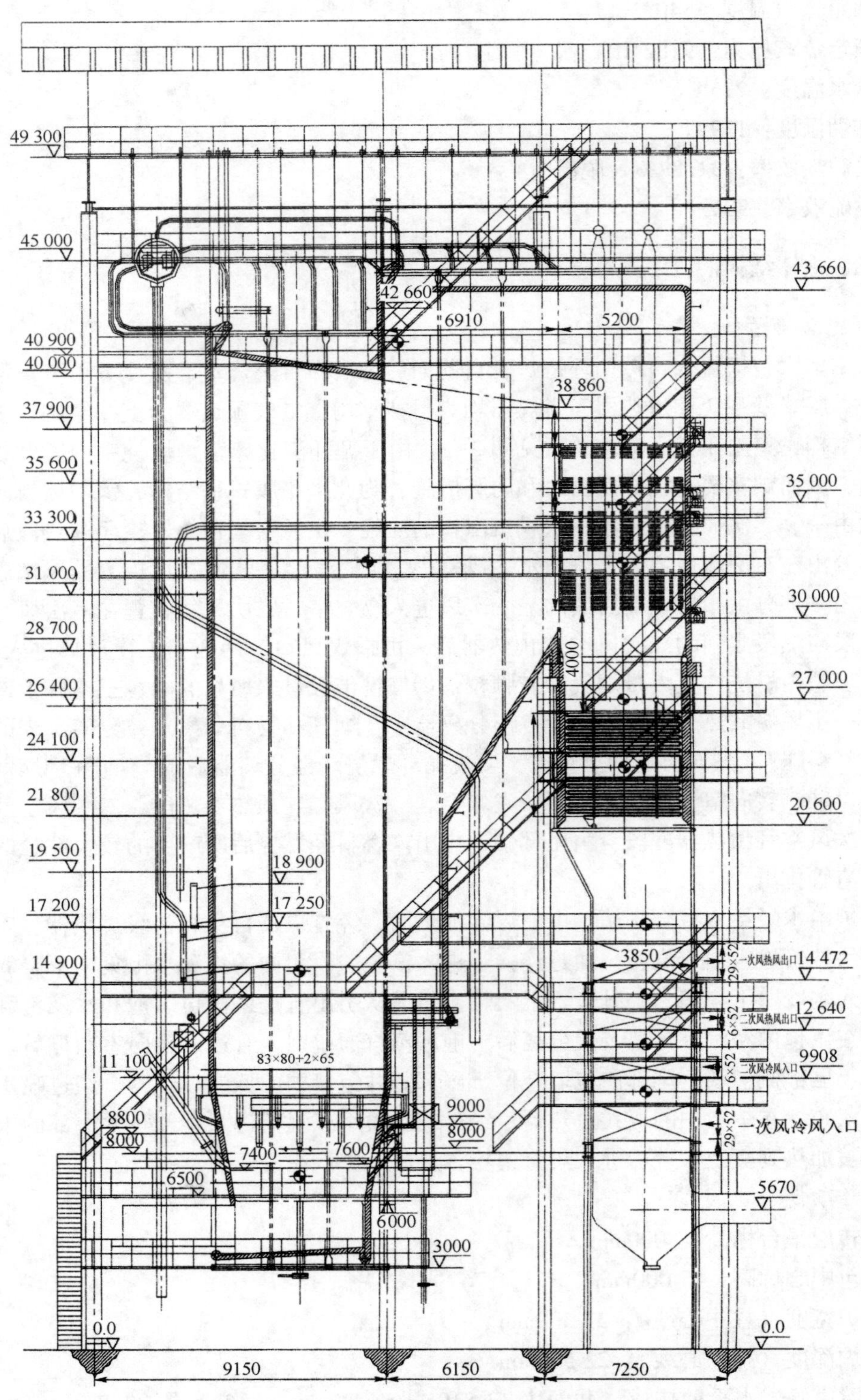

图 2-2　410t/h 水冷方形分离循环流化床锅炉示意图

风室。布风板面积37.40m²。在布风板的鳍片上装有耐热铸钢件风帽。炉膛四周4.88m高度范围是磨损最严重的部位之一，在此区域水冷壁上焊有密排销钉，并涂敷有特殊高温耐磨浇注料。燃烧室工作温度897℃，由于烟气携带大量循环物料，其热容量很大，所以整个炉膛温度较均匀。燃烧室后墙水冷壁向前弯曲与水平成7°角，形成燃烧室顶棚。炉膛内布置有水冷壁管屏和过热器管屏。

燃烧室水冷壁采用$\phi60\times5$mm的20号锅炉钢，管节距80mm。

第五节　440t/h循环流化床锅炉

一、锅炉主要技术参数及燃用煤种

某电厂锅炉采用440t/h超高压中间再热、高温绝热旋风分离器、返料器给煤、平衡通风、半露天布置。锅炉的主要技术参数见表2-2。

表2-2　锅炉主要技术参数

名　称	单位	B-MCR	B-ECR
过热蒸汽流量	t/h	440	411.88
过热蒸汽出口压力	MPa（g）	13.7	13.7
过热蒸汽出口温度	℃	540	540
再热蒸汽流量	t/h	353.29	330.43
再热蒸汽进口压力	MPa（g）	2.755	2.56
再热蒸汽进/出口温度	℃	318/540	313/540
给水温度	℃	248	244

锅炉燃用的设计及校核煤种见表2-3。

表2-3　锅炉燃用的设计及校核煤种

项　目	符号	单位	设计煤种	校核煤种
全水分	M_t	%	5.50	5.50
收到基灰分	A_{ar}	%	46.83	52.51
收到基挥发分	V_{ar}	%	19.23	17.28
收到基碳	C_{ar}	%	37.65	32.32
收到基氢	H_{ar}	%	2.80	2.57
收到基氮	N_{ar}	%	0.69	0.60
收到基氧	O_{ar}	%	5.89	5.94
全硫	$S_{t,ar}$	%	0.64	0.56
收到基低位发热量	$Q_{net,ar}$	kcal/kg	3468	2968

二、总体结构

锅炉由以下三部分组成：

（1）汽包、炉膛及冷渣器。炉膛采用全膜式水冷壁结构，炉膛内布置有一片双面水冷壁，炉膛前上部沿宽度方向还布置有屏式过热器和屏式再热器。炉膛底部是水冷壁管弯制而成的水冷风室。风室底部的点火风道内布置有床下点火燃烧器，炉膛下部密相区布置有床上启动燃烧器，用于锅炉启动点火和低负荷稳燃。炉膛前墙布置有风水共冷流化床冷渣器，用于将渣冷却至150℃以下。

（2）高温绝热旋风分离器。炉膛与尾部烟道之间布置有两台高温绝热旋风分离器，每个旋风分离器下部布置有一台非机械型分路回料装置。回料装置将气固分离装置捕集下来的固体颗粒返送回炉膛，从而实现循环燃烧。

（3）尾部烟道及受热面。尾部烟道中从上到下依次布置有过热器、再热器、省煤器和空气预热器。过热器系统及再热器系统中设有喷水减温器。管式空气预热器采用光管卧式布置。

锅炉整体呈左右对称布置，支吊在锅炉钢架上。

锅炉总图见图2-3。

三、锅炉系统布置特点

输煤系统：原煤经两级破碎机破碎后，由皮带输送机送入炉前煤斗，合格的原煤从煤斗经二级给煤机，由锅炉返料斜腿进入炉膛燃烧。

床料加入系统：启动床料经斗式提升机送入启动料斗，再通过输煤系统的给煤机，由锅炉返料斜腿进入炉膛。

一次风系统：一次风经空气预热器加热成热风后分成两路，第一路直接进入炉膛底部水冷风室，第二路进入床下启动燃烧器。

二次风系统：二次风共分四路，第一路未经预热的冷风作为给煤机密封用风，第二路经空气预热器加热成热风后由上、下行风箱进入炉膛，第三路热风作为落煤管输送风，第四路作为床上启动燃烧器用风。

返料器用风系统：返料器输送风由单独的高压流化风机（罗茨风机）供应，配置为2×100%容量（一运一备）。

冷渣器用风系统：冷渣器用风由单独的风机供应，配置为2×100%容量（一运一备）。

石灰石系统：购买成品石灰石粉作为脱硫剂，采用气力输送的方式，由锅炉返料斜腿送入炉膛，配置两台高压流化风机（罗茨风机）作为石灰石系统风机。

除灰系统：落入布袋除尘器灰斗中的粉尘借助气力输送系统送入灰仓。

除渣系统：采用风水联合冷渣器，冷渣器排出的冷渣通过一级刮板输渣机、斗式提升机送入渣仓。

吹灰系统：采用蒸汽吹灰。在锅炉尾部烟道的对流受热面区域布置伸缩或固定式吹灰器。

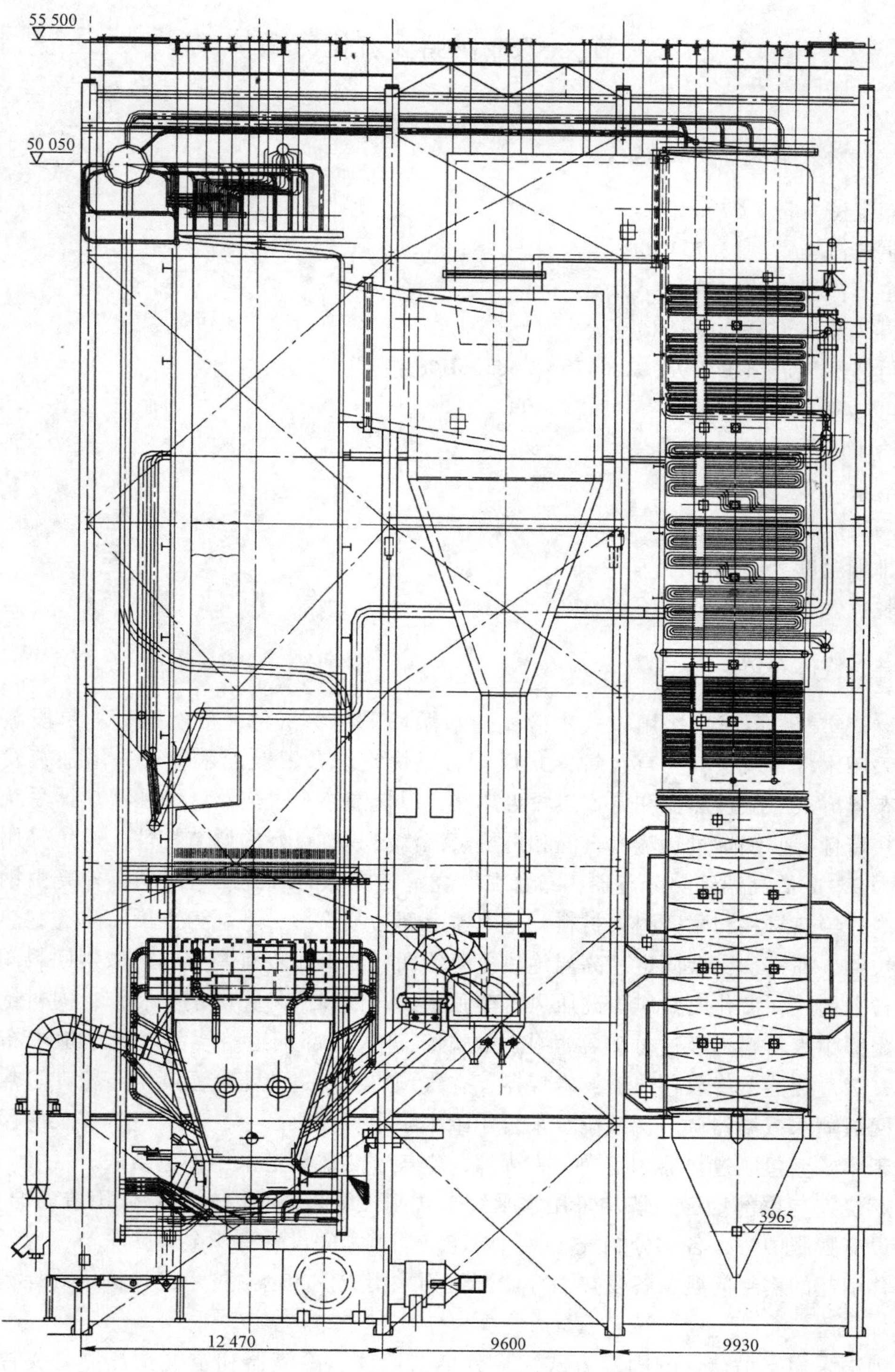

图 2-3　440t/h 超高压一次再热循环流化床锅炉示意图

第六节 670t/h 循环流化床锅炉

一、锅炉主要技术参数

额定蒸发量：670t/h。

主蒸汽压力：13.73MPa。

主蒸汽温度：540℃。

再热蒸汽流量：584t/h。

再热蒸汽进出口压力：2.6475/2.3833MPa。

再热蒸汽进出口温度：315.8/540℃。

给水压力：16.68MPa。

给水温度：249℃。

锅炉热效率：91%。

排烟温度：130℃。

脱硫效率：70%（Ca/S=2.4）。

二、整体布置

燃烧室蒸发受热面采用膜式水冷壁，水循环采用单汽包、自然循环、单段蒸发系统。采用水冷布风板，大直径钟罩式风帽。燃烧室内布置双面水冷壁来增加蒸发受热面，布置屏式二级过热器和屏式热段再热器，以提高整个过热器系统和再热器系统的辐射传热特性，使锅炉过热蒸汽汽温和再热蒸汽汽温具有良好的调节特性。锅炉采用两个内径为9.1m的高温绝热分离器，布置在燃烧室与尾部的对流烟道之间，外壳由钢板制造，内衬绝热材料与耐磨耐火材料，分离器上部为圆筒形，下部为锥形。防磨绝热材料采用拉钩、抓钉、支架固定。高温绝热分离器回料腿下布置有一个非机械型回料阀，回料为自平衡式，流化密封风由高压风机单独供给。回料阀外壳由钢板制作，内衬绝热材料与耐磨耐火材料。经过分离器净化过的烟气进入尾部烟道。尾部对流烟道中布置有一、三级过热器及冷段再热器、省煤器、空气预热器。过热蒸汽温度由布置在过热器之间的两级喷水减温器调节，减温水来自于给水泵中间抽头。一、三级过热器及冷段再热器位于膜式壁包墙过热器烟道内，省煤器、空气预热器烟道采用护板结构。

燃烧室与尾部烟道包墙均采用水平绕带式刚性梁来防止内外压差作用造成的变形。锅炉设有膨胀中心，各部分烟气、物料的连接烟道之间设置有非金属膨胀节，以解决由热位移引起的密封问题，各受热面穿墙部位均采用成熟的密封技术设计，可确保锅炉密封性好。

锅炉采用支吊结合的固定方式，除分离器筒体、冷渣器和空气预热器是支撑结构外，其余均为悬吊结构。

锅炉设置了刚性梁，防止炉内爆炸引起水冷壁和炉墙的破坏。

锅炉基本尺寸如下：

炉膛宽度（两侧水冷壁中心线距离）：17 480mm。

炉膛深度（前后水冷壁中心线距离）：7760mm。

尾部对流烟道宽度（两侧包墙中心线）：13 600mm。

尾部对流烟道深度（前后包墙中心线）：7200mm。

尾部对流烟道宽度（空气预热器烟道宽度）：14 800mm。

尾部对流烟道深度（空气预热器烟道深度）：7200mm。

汽包中心线标高：56 850mm。

锅炉宽度（两侧外支柱中心线距离）：34 000mm。

锅炉深度（BE 柱至 BH 柱中心线距离）：36 700mm。

锅炉总图见图 2-4。

第七节　1150t/h 循环流化床锅炉

一、锅炉主要技术参数

额定蒸发量：1150t/h。

过热器出口蒸汽压力：25.4MPa。

过热器出口蒸汽温度：571℃。

再热蒸汽流量：873.9t/h。

再热器进口压力：4.046MPa。

再热器进口温度：333.9℃。

再热蒸汽出口压力：3.866MPa。

再热蒸汽出口温度：569℃。

给水温度：279.9℃。

脱硫效率：85%。

排烟温度：137℃。

锅炉效率：90.6%。

二、整体布置

DG-1150/25.5-Ⅱ 1 型超临界循环流化床锅炉采用一次中间再热、紧身封闭、平衡通风、固态排渣、全钢架悬吊结构。

锅炉由三部分组成：第一部分布置主循环回路，包括炉膛、冷却式旋风分离器、回料器、中温过热器、高温过热器、屏式再热器等；第二部分布置尾部烟道，包括中温过热器、低温过热器、低温再热器和省煤器；第三部分为空气预热器。

锅炉的循环系统由启动分离器、贮水罐、水冷壁上升管、汽水连接管等组成。在负荷大于最低直流负荷后直流运行，一次上升，启动分离器入口具有一定的过热度。为避

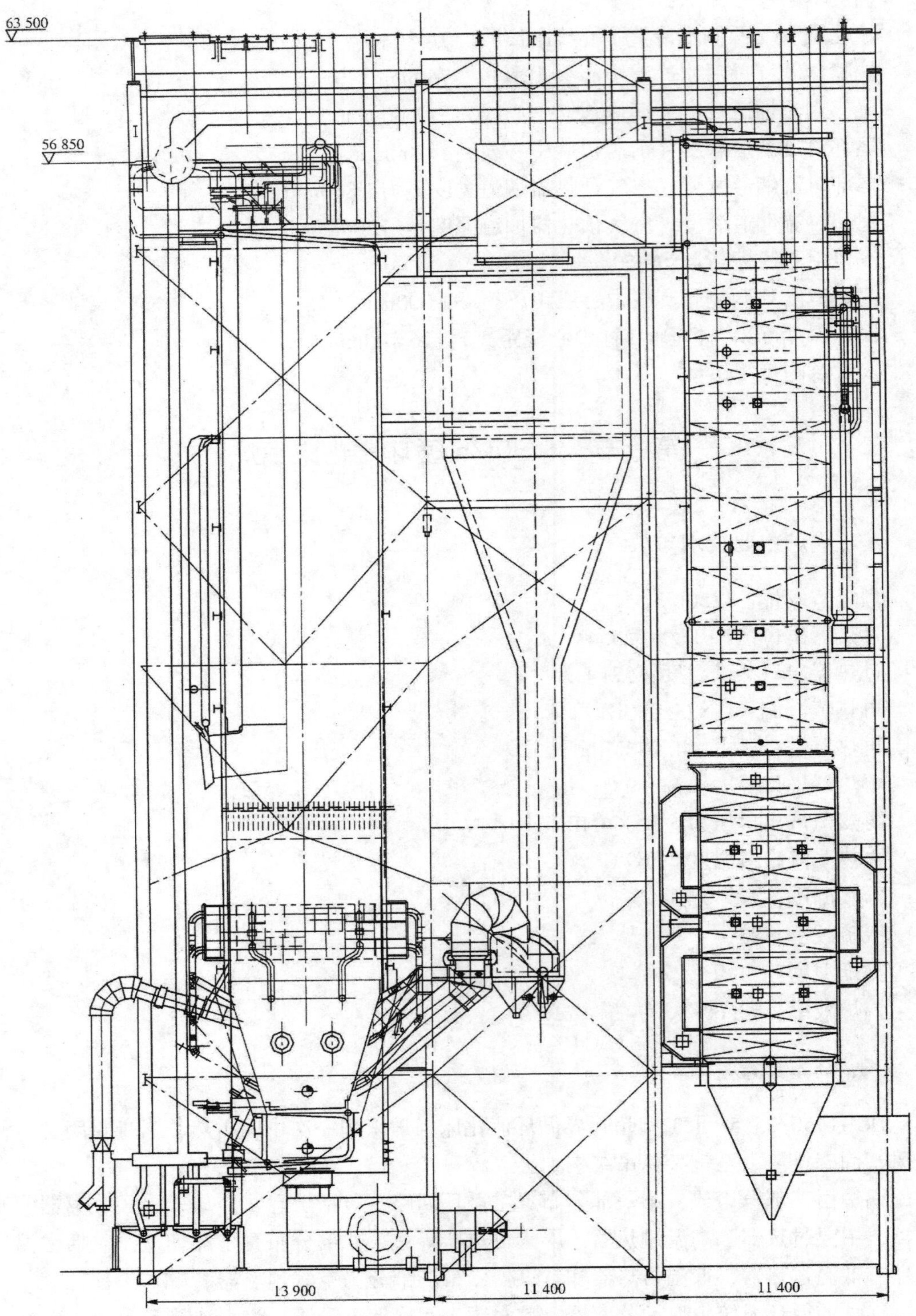

图 2-4　670t/h 超高压一次再热循环流化床锅炉示意图

免炉膛内高浓度灰的磨损，水冷壁采用全焊接的垂直上升膜式管屏，炉膛采用光管（中隔墙采用内螺纹管）。炉膛内还布置了 12 片屏式过热器和 6 片屏式再热器管屏，管屏采用膜式壁结构，垂直布置，在屏式过热器、屏式再热器下部转弯段及穿墙处的受热面管子上均敷设耐磨材料，防止受热面管子的磨损。

下炉膛布置单布风板，布风板之上是由水冷壁管弯制围成的水冷风室。燃料从炉前给煤口送入炉膛。

每台炉设置两个床下点火风道，分别从炉膛两侧进入风室。每个床下点火风道配置 2 个燃气点火装置，能高效加热一次流化风，进而加热床料。6 台滚筒式冷渣器布置在炉膛后墙。

3 台冷却式旋风分离器布置在炉膛后墙的钢架内，在每个旋风分离器下方各布置 1 台回料器。由旋风分离器分离下来的物料经两个回料腿直接返回炉膛。

锅炉通过三级喷水减温控制过热器汽温和主蒸汽温度，三级喷水减温分别布置在低温过热器和中温过热器 1、中温过热器 1 和中温过热器 2、中温过热器 2 和高温过热器之间。再热器汽温通过尾部烟气调节挡板控制，低温再热器与高温再热器之间布置一级微量喷水减温器。

汽冷包墙包覆的尾部烟道内，前烟道布置低温再热器，后烟道布置中温过热器 1 和低温过热器。省煤器布置在前后烟道合并后的竖井区域。

省煤器为 H 型鳍片管省煤器。

空气预热器是管式空气预热器。

1150t/h 超临界循环流化床锅炉布置见图 2-5。

锅炉主要尺寸如下：

锅炉宽度：49 900mm。

炉膛宽度：31 020mm。

锅炉深度：47 900mm。

炉膛深度：9810mm。

省煤器进口集箱标高：34 203mm。

过热器出口集箱标高：63 809mm。

再热器进口集箱标高：43 012mm。

再热器出口集箱标高：63 000mm。

锅炉最高点标高（顶板上标高）：77 800mm。

锅炉房运转层标高：12 600mm。

第八节　1900t/h 循环流化床锅炉

一、锅炉主要技术参数

额定蒸发量：1900t/h。

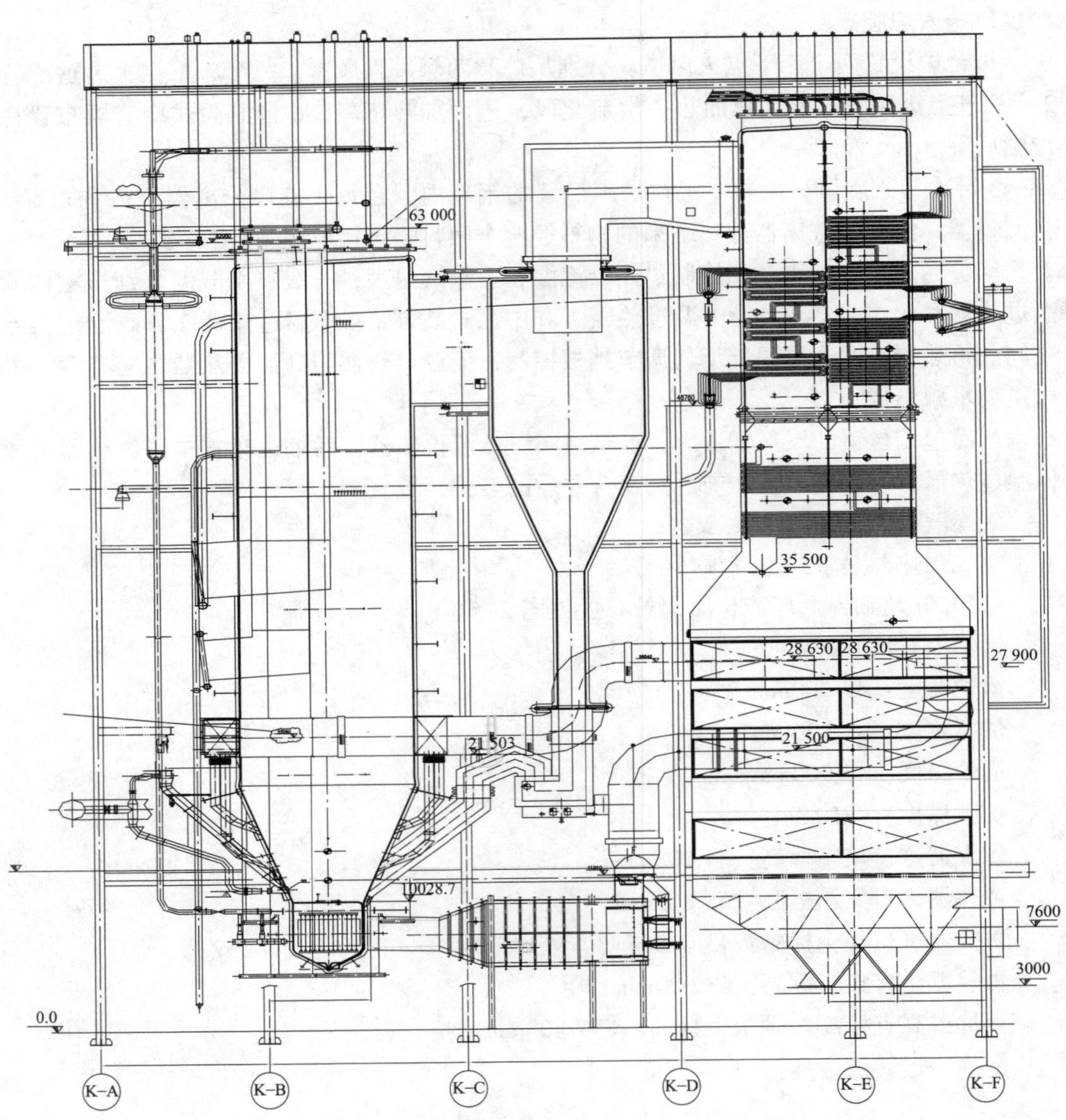

图 2–5　1150t/h 超临界循环流化床锅炉示意图

过热器出口蒸汽压力：25.4MPa。

过热器出口蒸汽温度：571℃。

再热蒸汽流量：1600t/h。

再热器进口压力：4.64MPa。

再热器进口温度：320℃。

再热蒸汽出口压力：4.35MPa。

再热蒸汽出口温度：569℃。

给水温度：290℃。

脱硫效率：96.7%。

排烟温度：148℃。

锅炉效率：91%。

二、整体布置

锅炉主要由双支腿、单炉膛、6个高效绝热旋风分离器、6个回料阀、6个外置式换热器、尾部对流烟道、8台滚筒冷渣器和2个回转式空气预热器等部分组成。

炉膛采用裤衩腿、双布风板结构，炉膛内蒸发受热面采用垂直管圈一次上升膜式水冷壁结构。

在炉膛上部左右两侧各布置有3个高效绝热旋风分离器。每个分离器回料腿下布置1个回料阀和1个外置式换热器，分离器分离下来的循环物料分别进入回料阀和外置式换热器。分离器分离下来的高温物料一部分直接返送回炉膛，另一部分进入外置式换热器，外置式换热器入口设有锥型阀，通过调整锥型阀的开度来控制外置换热器和回料阀的循环物料分配。在炉膛两侧下部对称布置6个外置式换热器。靠近炉前的两个外置式换热器内布置高温再热器，这两个外置式换热器的主要作用是用来调节再热蒸汽温度；中间的两个外置式换热器内布置低温过热器Ⅰ和低温过热器Ⅱ，靠近炉后的两个外置式换热器内布置中温过热器Ⅰ和中温过热器Ⅱ，布置过热器的四个外置床的主要作用是用来调节床温。

尾部对流烟道中依次布置高温过热器、低温再热器、省煤器，最后进入回转式空气预热器。过热蒸汽温度由煤水比调节，并配合布置在各级过热器之间的三级喷水减温器作为细调。再热蒸汽温度通过布置有高温再热器的两个外置式换热器来调节。

锅炉启动系统采用带泵启动系统，4只内置式分离器布置在炉膛前侧，水冷壁出口产生的全部工质通过排汽管引入分离器内，在锅炉负荷小于30%B-MCR，直流负荷时，分离器起汽水分离作用，分离器出口蒸汽进入尾部包墙过热器，水则通过连接管进入贮水箱，再由水联通管排入循环泵，作为再循环工质与给水混合后进入省煤器系统，当锅炉负荷超过30%B-MCR时，转为直流运行方式。

第三章

循环流化床锅炉安装、检修与维护

第一节　循环流化床锅炉钢架安装

一、施工工序

施工工序见图 3-1。

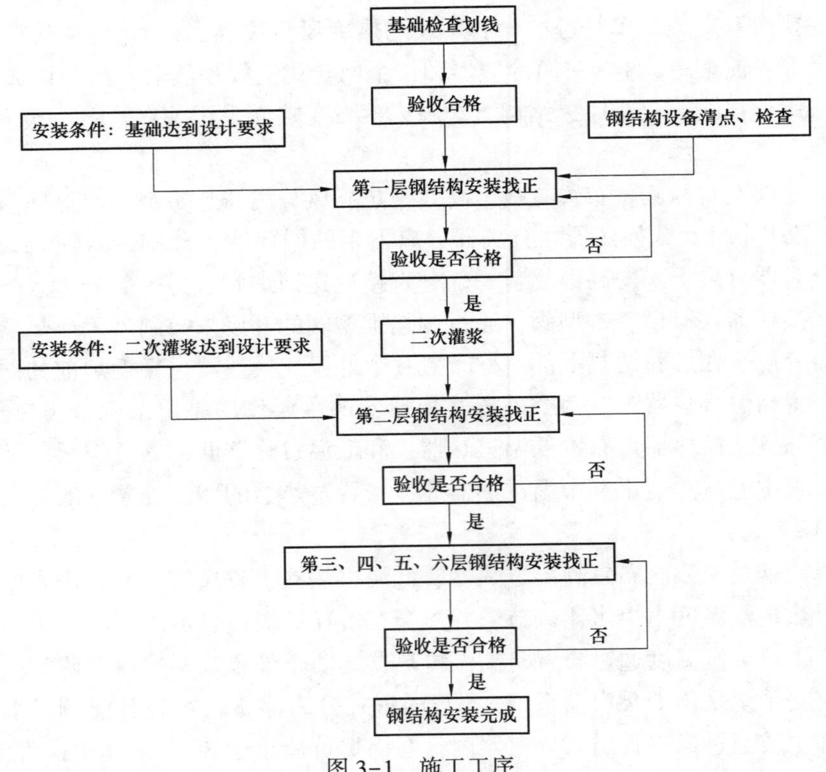

图 3-1　施工工序

二、施工方法

（1）钢架下部立柱、横梁及支撑安装。

1）锅炉下部钢结构安装前，将已经交接完的锅炉基础凿毛，轴线核对复查，并对基础预埋地脚螺栓丝扣用螺母螺纹进行逐个检查，如发现有卡住现象及时处理。

2）依照图纸对钢架设备进行清点、尺寸校核，设备外观应无锈蚀、油污等杂物。对钢柱进行编号，并标明1m标高线及立柱垂直中心线。对立柱进行外观检查，应无裂纹、分层、撞伤等缺陷；节点接合面无严重锈蚀、油漆、油污等杂物；焊缝外观检查无裂纹和咬边情况等；焊缝的具体检验见检验报告（注：在检查过程中，施工人员发现问题应及时通知相关技术人员，严禁私自处理）。

3）根据吊装顺序，使用平板运输车把设备吊运至施工区域，并使用枕木垫好，摆放整齐。对于即将吊装的立柱，按照顺序摆放在钢马镫上，进行柱头架子搭设及爬梯固定牢固。搭设柱头脚手架使用对拉螺栓固定，必须垫好胶皮防止滑动，在垂直支撑安装前，柱头上部脚手架搭设围栏暂不能闭合，需在安装垂直支撑后补齐。根据自锁器规格，顺着直爬梯拉设垂直拉索。

4）钢结构安装应按由前向后、由左至右的原则进行施工，根据锅炉尺寸及最重单件选择合适的主吊机械。

5）立柱吊装：提前准备好柱头架子、爬梯、垂直拉索、揽风绳等，另外调整螺母全部安装并找好标高，1m标高线以柱顶引下的尺寸为基准，并进行复核无误。柱子中心线用红色油漆做好相应标志。吊装采用厂家提供的专用吊板，由专业起重工跟车指挥吊车缓慢起钩，待立柱脱离地面10mm左右，查看立柱吊装件是否垂直，如不垂直，下面垫好木方，缓慢回钩至立柱落在木方上，调整后再次起钩，距离地面约500mm时，再次检查柱底板下部是否有泥污等杂质，如果有，立即清理并扶立柱就位，采用柱底板上部螺栓固定就位，用四根揽风绳四个方向固定好立柱。然后以相同方法吊装相邻立柱，之后连接立柱之间的横梁。

6）横梁安装：对照图纸对需要安装的横梁进行检查，并倒运至待吊装区域。

横梁尺寸检查须符合表3-1的要求。

表3-1　横梁尺寸检查质量标准　mm

横梁长度 L	质量标准
$L \leqslant 1000$	−4～0
$1000 < L \leqslant 3000$	−6～0
$3000 < L \leqslant 5000$	−8～0
$L > 5000$	−10～0

对于需要吊装的横梁，采用钢丝绳、卡环拴钩，棱角处采用半圆管进行保护，缓慢起钩使钢丝绳捆绑牢固，稍微脱离地面看是否水平，假如不水平再次调整。如件较大或者有风时，要使用止幌绳，当吊至安装位置时，两侧提前站好接钩人员，并带好必备工具，使用高强螺栓连接固定，逐件吊装连成稳定框架。对于水平梁及焊接部件等采用吊车吊至就近平台或刚梁上，采用倒链拉到位后进行焊接。焊接时必须符合图纸及规范要求，焊接牢固，焊缝饱满，无夹渣、气孔等焊接缺陷，药皮及时清理。

7）第一段立柱、梁及支撑安装完毕，形成稳定框架后，进行尺寸、标高调整，经验收合格并复测无误后，初紧各节点螺栓。第一层柱的标高以1m标高线为基准进行测量。其他各段柱顶标高从 1m 标高线向上用钢尺测量。应认真记录每根柱子的柱顶标高误差值，以便预防由于误差积累造成的严重超标发生，第一段钢结构找正完毕后，对基础进行二次灌浆。钢架基础二次灌浆应符合图纸和 GB 50204《混凝土结构工程施工及验收规范》的规定。

（2）锅炉钢架高强螺栓安装。

1）高强螺栓应按预计的当天安装数量领取。高强螺栓不得代用、串用，螺栓应清洁无损。构件定位应借助定位螺栓和过冲。定位螺栓数量不能少于该节孔数的 1/3，且不能少于 2 个，过冲不能多于定位螺栓的 30%。与螺栓头部接触的连接部分表面斜度不能超过螺栓轴线的 1/20，若斜度超过 1/20，应加斜垫。

2）高强螺栓替换定位螺栓时，先将高强螺栓穿入未装定位螺栓和过冲的孔中，注意垫圈有圆倒角的一面朝螺栓头方向，螺母带圆台一侧朝垫圈方向安装。穿入方向以施工便利为准，但要求一致。螺栓穿齐后抽出定位螺栓和过冲补齐高强螺栓。高强螺栓安装时严禁强行穿入，以免损伤螺纹。遇到不能穿入螺孔数小于 2 个时，用绞刀修正，最大修整量应小于 2mm。为防止铁屑落入板缝中，绞孔前将四周螺栓全部拧紧。当需扩孔数量较多时，应征得设计人员答复后进行处理（施工中严禁气割扩孔）。进行钢结构质量复检合格后，终紧拧掉梅花头，对于无法拧掉梅花头的螺栓应做好标记。

3）高强螺栓的施拧需按一定顺序进行，同一连接面上的螺栓应由接缝中部向两端进行紧固。工字形构件的紧固顺序是：上翼缘→下翼缘→腹板。同一段柱上各梁柱节点的紧固顺序是：先紧固柱上部，再紧固柱下部，最后紧固柱中部。为了减小先拧紧与后拧紧的高强螺栓预拉力的差别，高强螺栓的拧紧必须分为初紧和终紧两步进行。

（3）锅炉第一段钢架安装完后，经验收合格且二次灌浆强度达到要求后进行第二段钢架吊装，吊装作业方法与第一段钢架吊装作业方法相同。第三~六段钢架吊装方法与第一段钢架吊装作业方法相似，在吊装钢架立柱过程中要注意：单根立柱吊装完成后必须按照要求打好 4 条揽风绳对立柱进行固定（揽风绳角度一般小于 45°），第一根和第二根立柱吊装后要吊装两根立柱之间的连接横梁，同时用揽风绳将吊装完的组件进行固定，逐件吊装形成稳定的“井”字框架后再进行扩散吊装，避免吊装过程中出现孤柱。若吊装出现孤柱情况，必须按照要求拉好 4 条揽风绳对立柱进行固定，防止立柱倾倒。

（4）顶板梁安装，顶板梁运输到现场后，根据预先制定的吊装方案卸车至指定位置。

（5）顶板梁划线、摩擦面清理、安全围栏搭设。

1）在顶板梁划线时，必须将顶板梁的纵横中心线、顶板梁两端与支座连接处纵横中心线划出，并做好标识，以便于顶板梁找正。

2）使用钢丝刷将摩擦面打磨清理干净。

3）在板梁翼板上拉钢丝测量板梁挠度，并由专人记录。

4）在板梁上将制作好的安全围栏用 M24 螺栓固定在板梁上翼板两侧，在安全围栏上绑扎好安全水平绳，并在板梁两端挂软爬梯及防坠绳，如图 3-2 所示。

（6）板梁吊装。

1）顶板梁使用腹板上焊接好的吊装吊耳，使用卡环将钢丝绳与吊耳连接。

2）吊车拴好吊具确认无误后缓慢起钩，离开地面 100mm 时停止起钩，检查吊车情况及试刹车，确认一切正常后继续缓慢起钩；待顶板梁底面高度超出炉架顶层立柱柱头 200mm 时，吊车向炉前方向转杆，当臂杆转至与就位位置在同一直线时，调整吊车回转半径，到达顶板梁安装位置上方后，履带吊开始落钩。待顶板梁即将与柱头接触时穿入螺栓，这时调整顶板梁的纵横中心线与柱顶中心线对齐，确认中心线偏差在 DL/T 5210.2《电力建设施工质量验收规程　第 2 部分：锅炉机组》规定的范围内后落钩，当顶板梁与支座全部接触时，停止落钩。此时，用扳手将螺母拧紧，在板梁两端端部支撑与已吊装完的钢梁之间拉设缆风绳，待缆风绳拉设完后方可脱钩。

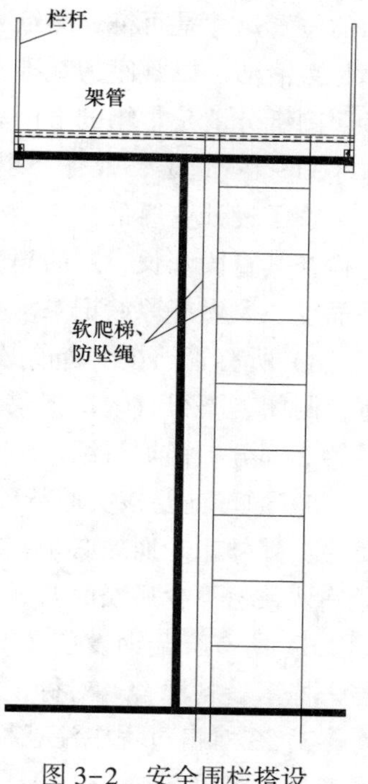

图 3-2　安全围栏搭设

第二节　循环流化床锅炉承压设备安装

循环流化床锅炉的主要承压设备包括水冷壁、过热器、再热器、旋风分离器、省煤器、储水罐及相关管道等。

一、水冷壁安装

1. 施工工序

设备的检查、通球、地面组合→水冷壁吊挂装置穿装→刚性梁预存→前墙水冷壁上部→左侧水冷壁上部→右侧水冷壁上部→前墙水冷壁中部→左侧水冷壁中部→右侧水冷壁中部→水冷壁上中部整体初步找正→上部、中部刚性梁安装→左侧水冷壁下部吊装就位→后墙水冷壁上部→后墙水冷壁中部→水冷蒸发屏安装→顶棚水冷壁吊装（缓装 7 小片）→前墙水冷壁下部上段→后墙水冷壁下部上段→风室水冷壁→前墙水冷壁下部下段→后墙水冷壁下部下段→右侧水冷壁下部吊装→顶棚水冷壁缓装件安装→下部及风室刚性梁安装→水冷壁整体找正→水冷壁上、下部连接管道安装。

2. 施工方法

（1）设备的检查。

1）对照图纸，清点设备数量，对设备进行编号，标记好设备的方向，检查外形尺寸及各种孔洞是否符合图纸要求。

2）检查集箱上接管座应无堵塞，彻底清除“眼镜片”，检查吊耳数量、大小及相互间的位置尺寸是否符合图纸要求，检查吊耳孔与销轴的规格是否相符，检查敞口集箱内部是否清洁。以管座为基准对集箱进行划线，若有偏差应适当调整，并打上样冲记号。参照图纸分清楚集箱的方向和正反，并在筒身上做好明显的标识，以免吊装时出错。

3）检查管子外观有无裂纹、撞伤、压扁、砂眼、分层等缺陷，其允许麻坑深度应小于管子设计壁厚的10%，且小于1mm，管子外径、壁厚应符合图纸要求，对单根管应检查其直段管长、弯曲角度。对膜式墙应检查其长度、宽度、对角线尺寸、平整度及平面度，要做好原始记录。并应对照图纸检查门孔、缆绳孔等位置是否正确。

4）所有管子在组合前必须进行通球。通球前先对管子进行吹扫，通球后立刻进行管口封闭，不得有敞口现象。通球用球径按 DL 5190.2—2012《电力建设施工技术规范 第2部分：锅炉机组》中表5.1.6通球试验的球径执行。

5）通球前要核实通球项目、通球时间段、钢球球径及数量，经技术员确认后，到质检员处领用。通球必须在监理、业主旁站的情况下方可进行，通球结束后清点球的数量确认数量不少后及时归还，并做好通球签证。

6）所有合金钢设备必须进行100%的光谱复查，确认无误后的设备做上标记，避免与未标示设备混合。对标记不清的设备要求重新进行复查，确保设备材质符合要求。

7）在对口过程中注意检查受热面管的外径和壁厚符合图纸要求，若壁厚小于图纸要求最小壁厚0.5mm以上，做好记录，并在管子上做好标记，及时上报主管技术员。

（2）地面组合。

1）地面组合前搭设专门的组合架进行管排的排列组合，搭设要求平整、稳固，组合架平整度用水平管或水平仪进行测量来保证，组合架搭设大小能满足组合件组合的尺寸要求。

2）在水冷壁组件组合前，根据水冷壁尺寸，在组合架上画出位置，并在位置外缘处焊上限位块。

3）将水冷壁组件按照图纸编号顺序吊装到水平的组合架上，用葫芦（或千斤顶）对组件位置进行调整，焊接前对该整片水冷壁总体外形尺寸、平整度、平面度进行验收，验收合格方能焊接。如有集箱，须对集箱水平度找正验收，保证接管座对口时的平整度要求。最后根据最终确定的吊装位置火焊切割鳍片，保证吊耳能顺利穿过，且不能割伤管子。对口时，应按规定调整好焊口，要把对口处稍微起拱，对口间隙应均匀，管端内外10~15mm处，应在焊前清除油垢和铁锈。对口时先对管口距离小的，再对距离大的，管件对口应做到内壁齐平；焊口顺序是，中间焊一部分，然后两边各焊一部分，最后全部焊接完；对口需要切割鳍片时，必须注意手法，防止割伤管子，对口结束后满焊恢复。

4）水冷壁前墙上中部（上）组合：左侧1由上中部（上）各2小片共4片组合，左侧2由上中部（上）各2小片共4片组合，中间件由上中部（上）各3小片共6片组合，右侧2由上中部（上）各2小片共4片组合，右侧1由上中部（上）各2小片共4片组合，以上组件从锅炉钢架KB、KC对应空间灌入，吊装就位后直接同吊杆连接安装。

5）水冷壁前墙中部（中、下）组合：组合方案与4）相同。

6）水冷壁前墙下部组合：上段散装；下段分别由炉右5小片、炉左6小片和下集箱组合成2大片吊装就位组合。

7）水冷壁后墙上部组合：左侧由4小片管屏和集箱组合、右侧由4小片管屏和集箱组合、中间分别由4小片管屏和集箱组合成1大片，共3大片，为了避免焊口对接错位，可考虑管屏全部摆在组合架上，集箱管接头同另一组件的焊口在地面不进行焊接，等安装就位，标高调整好后再进行高空焊接。后水冷壁组件吊装就位后，直接同吊杆连接。

8）水冷壁后墙中部组合：左侧1由上段2小片和下段2小片共4片组合，左侧2由上下各2小片共4片组合，中间件由上下各3小片共6片组合，右侧2由上下各2小片共4片组合，右侧1由上下各2小片共4片组合，总计组合4大片吊装就位。

9）水冷壁后墙中下（下）部：下部全部散装，从炉底起吊就位，同时兼顾风室水冷壁的安装。

10）水冷壁左右侧上部组合：左侧分别由4小片及上集箱组成1大片，右侧由上部和中部上段各4小片共8片加上集箱在炉底组合，用卷扬机提升就位，直接安装吊挂装置。

11）水冷壁左右侧中部组合：中部左侧组件分别由上段2小片和中段2小片组合，总共组合成2大片，右侧由中下段各4小片共8片组合。

12）水冷壁左右侧下部组合：左侧前段、后段分别由中部下段和下部水冷壁各2小片和下集箱组合成2大片，右侧组件同左侧。下部右侧组合件要待炉膛内高温过热器、高温再热器、双面水冷壁、风室水冷壁、二级中温过热器吊装完毕后才能就位焊口。

13）顶棚水冷壁组合：顶棚水冷壁按照高温再热器、双面水冷壁、高温过热器、二级中温过热器的穿顶位置制作24片，配合其安装进度进行。安装前，需要在顶棚水冷壁上焊接临时吊耳。

14）双面水冷壁组合：双面水冷壁共分为5组，中间为1个大片，两侧各有2个小片。双面水冷壁整体组合完成后运至炉底，用炉顶的卷扬机吊上部集箱，用锅炉主吊机械配合卷扬机将管屏板直，起吊前，在其下方临时吊挂下方管屏的吊具，并保证单件吊具的吨位大于下方管屏的重量。

双面水冷壁的吊装要考虑炉膛内从左至右高温再热器→双面水冷壁→高温过热器→高温再热器→高温过热器→高温过热器→双面水冷壁→二级中温→高温再热器→二级中温→二级中温→双面水冷壁→二级中温→二级中温→高温再热器→二级中温→双面水冷壁→高温过热器→高温过热器→高温再热器→高温过热器→双面水冷壁→高温再热器的安装顺序。

15）风室水冷壁组合：上下段对口焊接组合成12小片。

风室水冷壁的安装，要配合后水冷壁的安装，后水冷壁焊口在风室水冷壁折弯点下方，要等后水冷壁焊口焊接完毕，再焊接风室水冷壁的前面焊口和下方焊口（这样就相互没有影响了），同时要兼顾炉膛内上方高温再热器、双面水冷壁、高温过热器、二级中温过热器的安装。

风室水冷壁安装完成后，最后安装右水冷壁下部组件。

地面组合时，同时安装墙箱、门孔、看火孔、缆绳孔等，并复查墙箱、门孔、看火孔、缆绳孔的定位是否与图纸一致。

3. 组件安装及焊接

炉顶钢结构安装找正结束后，安装吊杆，对合金钢设备要进行光谱检验，确认其材质是否符合图纸要求，并作标记。吊杆吊装前先在地面上对吊杆进行编号，并将螺母与吊杆丝牙试配合，及时发现问题。吊杆上部螺母同吊挂顶端的距离要按照图纸安装，或调整尺寸比图纸大 3~5mm，等同于整体标高提高 3~5mm。吊杆吊装时在吊杆螺纹部分涂上黑铅粉（或喷上二硫化钼），防止生锈无法调整。在吊装过程中若有吊杆的丝口发生损坏，必须及时修复，保证与螺母光滑连接。吊杆吊装就位后及时加上并帽螺母或用铁丝绑扎，防止螺杆自转滑落。

吊杆安装时，销轴的焊接应保证耳板与搭板之间有一定的间隙，且每一根吊杆两边总间隙不同，总间隙必须符合图纸要求。

水冷壁组件吊装要防止变形，考虑三台起重机抬吊的方法，防止管屏弯曲变形。水冷壁组件吊装前，要在其下方设置吊装下段管屏的吊点，要分布均匀，考虑设备重量，且在下段管屏上设置相对应的点，方便上下段垂直吊挂。必须在上方管屏吊点上临时吊挂经检验合格、能够承受下方管屏重叠的吊具（葫芦或滑轮组），所用吊具单件起重量须超过所吊挂管屏的重量，防止安全事故发生。组件吊装时，要有可靠的防变形措施，制作板直架子或是采用多车抬吊都能解决。吊装过程中时刻关注吊装过程，发现问题及时调整，确保管屏的平整度、平面度。

水冷壁上部吊装时，直接穿装在安装好的吊挂装置上，穿上销轴和销；下部吊装前，在距离焊口大约 1200mm 的位置抽鳍片，安装挂架，间距不得超过 3m，可根据管屏宽度适当调整挂架的宽度，在管屏吊装前搭设好，见图 3–3。

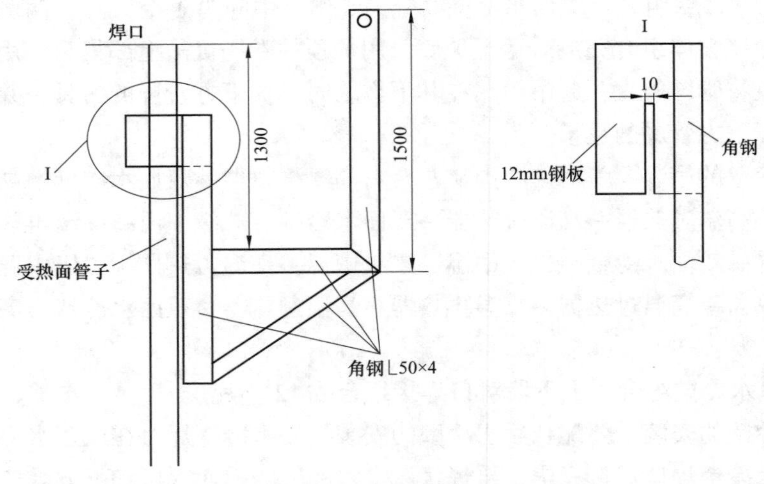

图 3–3　挂架示意图

水冷壁刚性梁是按照水冷壁上、中、下三部分进行吊装，并按照其标高抛挂在钢结构对应的水平框架上。等相关水冷壁初步找正后，将刚性梁复位安装。由于地面组合时做有标记，安装前先与基准引上来的标高进行校对，并注意与刚性梁附件的间隙偏差值。等水冷壁最终找正后，安装刚性梁转角部件、锅炉导向装置等部件。

水冷壁整体找正验收后，安装下水连接管、集中下水管。

二、过热器安装

1. 包墙过热器组合

包墙过热器安装按由上到下的顺序分片吊装就位，后顶棚在吊装完后包墙后，分片吊装就位，先安装左右两侧各一片，然后安装单轨吊，单轨吊安装完成后，再逐件安装其余各片。顶棚过热器整体安装完成，安装炉顶刚性梁、平衡装置。单轨吊需用穿过管屏的钢板同刚性梁焊接在一起，以便省煤器吊装作业。

2. 二级中温过热器、高温过热器组合

在组合场内分别整体组合成适合吊装的小片，方便运输与吊装。

3. 包墙过热器吊装

(1) 包墙过热器吊装前，预存前后包墙下集箱，中隔墙下集箱（低温过热器进口集箱），低温过热器出口集箱，一级中温过热器进、出口集箱。

(2) 前包墙组件从KE板梁过渡后直接安装，后包墙临时吊挂在KE板梁上，吊挂装置安装后直接安装就位，左侧包墙上组件直接安装在吊挂装置上，下组件吊装前在上组件悬挂2只20t葫芦，调整下组件与上组件对口。

(3) 中隔墙组件在吊装前，先把中隔墙上集箱就位在吊挂装置上，调整好标高，分别吊装左、中、右组件至集箱对应下方，然后调整焊口焊接。

(4) 顶棚过热器在前后包墙、中隔墙安装完成后，先安装两侧各一片，再安装单轨吊，单轨吊调整好后，再安装中间管屏，单件吊装。

(5) 右包墙上、下组件临时吊挂，待内部省煤器、低温过热器、低温再热器、一级中温过热器安装完成后再调整就位安装。

4. 低温过热器吊装

(1) 低温过热器一、二级管组地面不组合，单件吊装。在吊装前，前包墙、中隔墙、后包墙、左包墙、顶棚过热器必须调整完毕，且经过验收合格。

(2) 低温过热器吊装时，从KE~KF之间B7列灌入，利用顶棚过热器下方电动葫芦接钩，从左至右依次安装，注意特殊管屏的安装位置。

5. 一级中温过热器吊装

(1) 一级中温过热器是循环流化床锅炉特有的设备，位于低温过热器上方，同样安装在中隔墙和后包墙的支撑块上，和低温过热器一样分一、二级管组地面不组合，从KE~KF之间B7列灌入，利用电动葫芦接钩，从左至右依次安装，注意特殊管屏的安装位置。

(2) 一级中温过热器安装完成后，将进口集箱和出口集箱安装定位，安装进出口散管，要做到横平竖直，不得有折口、倾斜现象。

6. 二级中温过热器和高温过热器吊装

（1）二级中温过热器和高温过热器组合完成后，利用卷扬机配 30t 滑轮组吊装上部集箱，下方用 63t 塔机配合抬吊板直，可用捆绑的方式。管屏板直后，用事先拴好的麻绳把钢丝绳拉下来脱钩。

（2）二级中温过热器和高温过热器的吊装顺序按照炉膛内从左至右依次为：高温再热器→双面水冷壁→高温过热器→高温再热器→高温过热器→高温过热器→双面水冷壁→二级中温过热器→高温再热器→二级中温过热器→二级中温过热器→双面水冷壁→二级中温过热器→二级中温过热器→高温再热器→二级中温过热器→双面水冷壁→高温过热器→高温过热器→高温再热器→高温过热器→双面水冷壁→高温再热器。顶棚水冷壁以同样的顺序配合吊装。

包墙过热器组件吊装前，要在其下方设置吊装下段管屏的吊点，要分布均匀，考虑设备重量，且在下段管屏上设置相对应的点，方便上下段垂直吊挂。必须在上方管屏吊点上临时吊挂经检验合格、能够承受下方管屏重量的吊具（葫芦或滑轮组），所用吊具单件起重量须超过所吊挂管屏的重量，防止安全事故发生。

包墙过热器组件吊装时，要有可靠的防变形措施，制作板直架子或是采用多台起重机抬吊都能解决，吊装过程中时刻关注吊装过程，发现问题及时调整，确保管屏的平整度、平面度。

过热器上部吊装时，直接穿装在安装好的吊挂装置上，穿上销轴和销；下部吊装前，在距离焊口大约 1200mm 的位置抽鳍片，安装挂架，间距不得超过 3m，可根据管屏宽度适当调整挂架的宽度，在管屏吊装前搭设好，见图 3-3。

后竖井刚性梁根据其标高抛挂在钢结构对应的水平框架上，等相关包墙过热器初步找正后，将刚性梁复位安装。由于地面组合时做有标记，安装前先与基准引上来的标高进行校对，并注意与刚性梁附件的间隙偏差值。等包墙过热器最终找正后，安装刚性梁转角部件、锅炉导向装置等部件。

过热器整体找正验收后，安装有关连接管道、汽水连接管等。

三、省煤器吊装

1. 施工工序

省煤器区域护板组合→省煤器区域护板预存→省煤器设备检查、通球→省煤器下集箱预存→省煤器固定装置安装→省煤器安装→省煤器上集箱预存→省煤器与上下集箱对口安装→省煤器防磨装置安装→省煤器区域护板安装→省煤器与护板密封装置安装。

2. 施工方法

（1）设备的检查与水冷壁相同。

（2）省煤器安装。

1）省煤器运输、吊装过程中注意防止鳍片碰折、变形。

2）省煤器在吊装前，需将省煤器区域护板刚性梁、省煤器区域护板组合件预存到安装位置，省煤器进口集箱预存到空气预热器上方，固定牢固。同时后竖井前包墙、中隔墙、后包墙、顶棚过热器必须调整完毕，且经过验收合格。右包墙临时吊挂，待省煤器、低温过热器、一级中温过热器、低温再热器吊装完毕后再进行安装。需将烟气调节挡板和吊挂板缓装，预留作为安装单轨梁电动葫芦跑车的空间。

3）省煤器吊装就位用单轨梁使用工字钢 I32a（炉顶单轨吊轨道），单轨梁安装在顶棚包墙过热器下方，在中隔墙两侧的过热器通道和再热器通道各布置一道，与中隔墙平行布置，顶棚过热器抽鳍片，单轨梁连接板穿顶棚鳍片与顶棚过热器上表面刚性梁焊接固定。连接板选用 15mm 厚的钢板制作，其端部焊接在单轨梁工字钢上平面和刚性梁腹板上，端部打坡口，焊缝应饱满。轨道两头用钢板焊上限位，如果中间有接头，需要在接头处加上腹板。电动葫芦选用 6t，单轨吊安装完后应按照规范要求进行试吊验收。

4）省煤器每组管屏由锅炉主吊机械从 KD～KE 和 KE～KF 之间 B7 列吊装放下，使用布置在后竖井内的两台电动葫芦接钩吊装就位，吊装前要注意检查管组是否与图纸相符，分清上下和左右，管组并不是全部相同，应防止错用管组的现象。在第一批吊装的管组上要配有爬梯，以方便施工人员接钩。

5）省煤器蛇形管组吊装顺序为先吊装上管组，然后吊装相对应的下管组，为多开展作业面，管组吊装可以从左右两侧向中间吊装。上管组吊装就位后直接吊挂在已安装好的固定装置上，下管组用电动葫芦调整与上方管组的焊口，吊挂在固定装置上。安装时注意特殊管组的安装位置，在安装超过一半时，将省煤器出口集箱按照标示好的集箱方向预存到已安装好的省煤器管屏上，并在集箱下方垫上木板或钢架板，防止省煤器鳍片变形。

6）待蛇形管组吊装达到一定数量时（视现场需要、工期和人员熟练度而定），可以同时开启多个作业面，进行蛇形管与出口集箱的对口和焊接工作，以及一、二级管组间的对口焊接工作。焊接时不能依次从一端焊接到另一端，避免应力集中，造成后续焊口间隙越来越大，无法对口。吊装作业同样要兼顾对口焊接作业，可以从两边向中间吊装或间断性吊装，例如：吊五组，隔十组再吊五组。对口时不允许热胀对口、强力对口，应使用楔子和撬棒调整对齐，调整时让两侧焊口微微起拱（具体尺寸无法描述，是经验数值）。对于确实无法调整的焊口间隙，可以用坡口机切削后，再行对口，切削时注意不要把铁屑掉入管子中（可以先用纸巾或水溶纸堵住管口，切削后，清理落在纸巾上的铁屑，并取出纸巾）。对口前，应除去管道两端封口的防腐漆，并将管道内部吹扫干净（一般用烤把、火焊烘烤或者使用钢丝刷抛光），经确认合格后方可进行对口焊接。

7）省煤器蛇形管全部吊装完成后，按图纸要求对省煤器进口集箱进行就位和固定。待集箱固定后，开始蛇形管组与进口集箱的对口焊接工作。

8）调整管组间隙、管组和包墙的间隙及管组平整度。管组在吊装对口焊接，临时就位时，就要考虑管组间的间隙，间隙偏差太大，会对最后的间隙调整工作造成极大的困难。

9）进行防磨瓦的安装工作。防磨瓦在安装时要注意细节，不能装偏，禁止将防磨瓦焊接在管子上不允许出现可自由活动的现象。

四、旋风分离器组合安装

1. 施工工序

设备卸车→清点验收→设备编号、检查、倒运→分离器上部吊挂装置组合、安装→分离器管排地面通球、组合→管排吊装→中心筒吊装→分离器出口烟道组合、吊装→整体组合、密封、打磨→参加锅炉整体水压试验→验收合格、办理签证。

2. 施工方法

(1) 设备检查及编号与水冷壁相同。

(2) 在地面进行分离器锥段、直段管排的组合工作。

1) 钢架缓装。

在钢架吊装前期策划好分离器吊装方案，将影响分离器吊装的炉顶钢架缓装，给分离器吊装预留出吊装通道，见图 3-4。

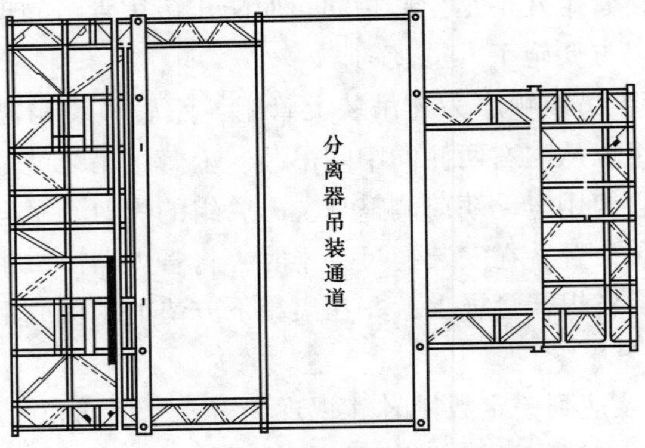

图 3-4　分离器吊装预留吊装通道

2) 地面制作专用模块进行模块式组合。将旋风分离器分为上、中、下三部分，然后每个部分分为两个半圆模块进行地面组合，这样做的优点是通过地面组合减少了高空作业量、焊接脚手架的搭拆量、吊装件的数量，保证了成型质量，但焊口会全部集中到高空。

3) 根据图纸尺寸对设备进行复查，然后制作半圆形模块。

4) 根据设备编号将管屏用吊车按顺序吊放在半圆形模块上，调整管屏的位置，使组件的长、宽及对角线符合图纸规定，同时复查组件的锥度及圆弧度。组件调整合格后将拼缝点焊，全部点焊完毕后再进行全面焊接。

5) 为防止产生焊接变形，密封焊接时首先进行点固焊，长焊缝采用间段焊、跳焊，以免热量集中，并减小应力，避免造成变形。整排焊口首先进行对口点固焊，焊口焊接顺序应从管屏中间向两侧焊接。管屏间的焊口全部焊接完后，进行各片管屏间拼缝对接和密封焊接。

6) 组件吊装时使用的吊耳全部为双孔吊耳，方便吊装就位后组件临时吊挂及安装的接钩。根据吊装吊耳的位置，在上部组件和中部组件的下方焊接三个单孔吊耳，为下一步相应组件下方组件的安装做好准备。

3. 入口烟道安装

(1) 入口烟道吊装在后水冷壁吊装前完成，入口烟道安装在分离器安装完成后进行。

(2) 每台旋风分离器布置一件入口烟道，由管排和上下集箱组成。入口烟道吊装前，提前安装其吊挂装置，在后水冷壁上部安装前先用锅炉主吊机械临时悬挂到KC列板梁上，再从KC列后接钩直接安装在其吊挂装置上。

(3) 分离器安装完成后，调整入口烟道吊挂装置，标高调好后，对接到分离器筒体上。

4. 分离器锥段管排组合安装

(1) 每个分离器的锥段分为上下两段，其中下段由管排和集箱组成。吊装时，可在管口下方800mm处焊接吊耳。安装时，可先不焊接吊耳处的管子焊口，吊耳割除后，对管子进行裂纹和硬度检查，确认没有问题后，方可焊接焊口。

(2) 分别吊装锥段管排组合件到设计位置，将锥段下集箱的标高跨距调整到与图纸一致，安装下集箱支吊架固定组件。

(3) 当下段锥段管排安装完成后即可开始上段锥段管排的安装。每台分离器的上段锥段管排共有10件组成，相邻两件组合在一起。吊装时将管排临时吊挂在48m的横梁上，管排安装时按对称方向分别对口安装。安装时控制好椭圆度和上下口的同心度。

分离器锥段管排安装示意图见图3-5、图3-6。

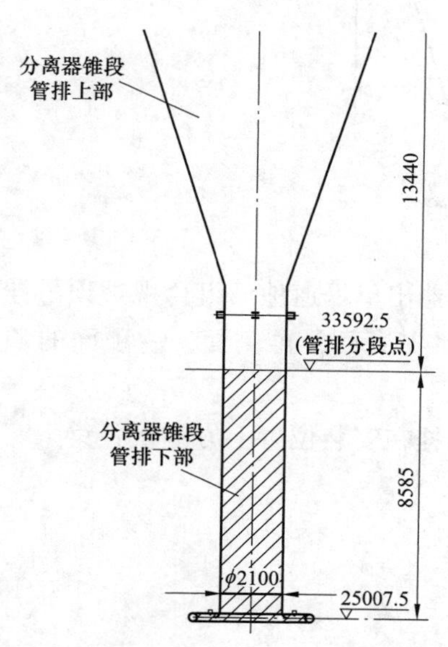

图3-5 锥段管排下部分段安装示意图

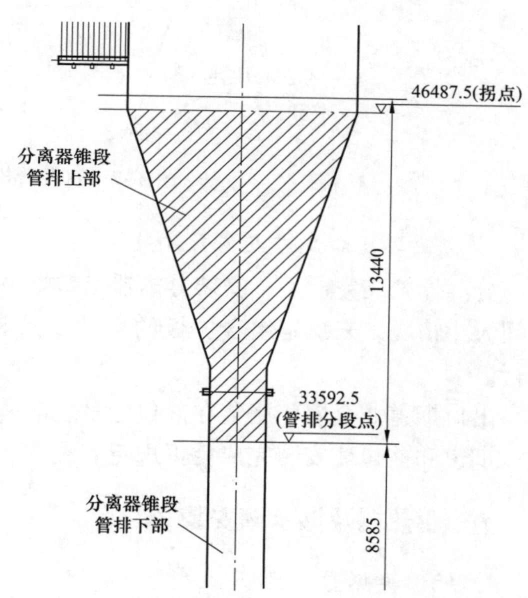

图3-6 锥段管排上部分段安装示意图

5. 直段组合和分离器中心筒安装

(1) 每个分离器由10件直段管排组成。安装前先在组合场把相邻直段管排组合在一起，每台分离器的直段管排共组成5个组件（组合时注意管屏编号，严禁错用），悬挂到顶板层的钢架次梁上。

（2）整个分离器调整好后，用两个5t手拉葫芦调整管排，并与锥段管排对口。对口时应对称进行，并控制好椭圆度和上下圆的同心度。管排安装完成后立即安装集箱及管排的吊挂装置，并调整到各吊杆受力均匀。直段管排安装示意图见图3-7。

（3）对中心筒进行光谱复查，确认材质，做好相关记录。等分离器直段管排安装完成，中心筒部件安装就位后，开始进行分离器内衬材料施工。

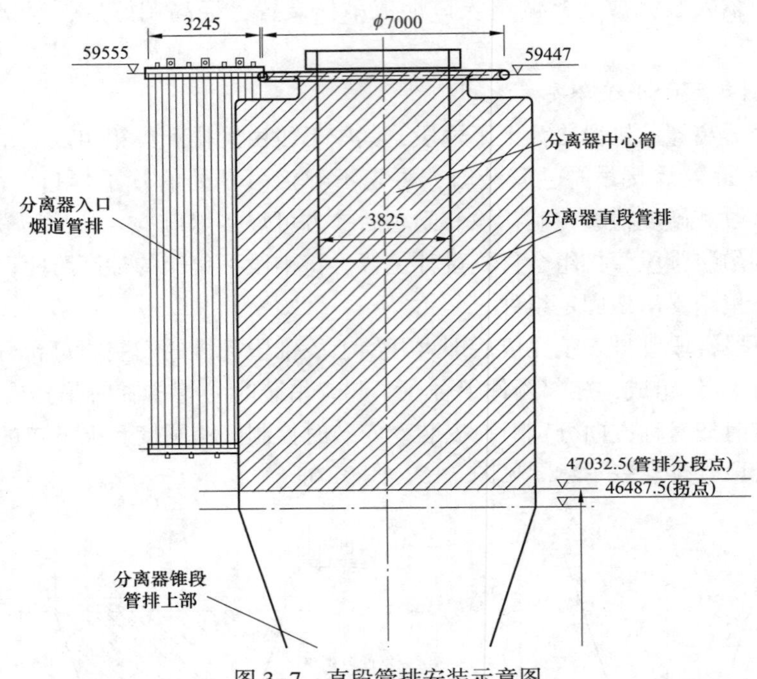

图3-7　直段管排安装示意图

6. 分离器出口烟道及附件安装

分离器安装完成后，安装分离器出口烟道。分离器出口烟道地面组合视炉顶吊挂梁空间大小情况，来决定组合护板的尺寸，吊装要按照先底面，再侧面，后顶面的顺序进行。

出口烟道非金属膨胀节在前包墙吊装前，分段悬挂在安装位置上方的次板梁上，待出口烟道和前包墙安装完成后再进行安装。

五、再热器及储水罐安装

1. 低温再热器吊装

（1）低温再热器一、二、三级管组地面不组合，单件吊装。

（2）低温再热器吊装前，前包墙、中隔墙、左侧包墙、顶棚过热器必须调整完毕，且经过验收合格，右包墙临时吊挂，等低温过热器、一级中温过热器、低温再热器、省煤器吊装完毕后再进行安装。

（3）低温再热器吊装时，利用其上方的电动葫芦接钩，从左至右依次吊装。

（4）低温再热器安装完毕后，再安装再热器防磨装置。防磨装置安装时，应将电焊线包扎严密，严禁电焊伤到管子。

（5）低温再热器安装的同时，将低温再热器进口集箱和出口集箱在其安装位置定位，待低温再热器蛇形管安装调整完成后，安装集箱和蛇形管之间的散管。散管安装要横平竖直，不得有折口现象。

2. 高温再热器组合安装

（1）高温再热器组合。高温再热器共 6 组，每一组由 6 小片加集箱整体组合而成。高温再热器可先在组合场组合成 2 小片，然后运输到炉底组合成大片。炉底组合时，焊口位置应搭设隔离层，上面满铺钢架板，以保证施工人员安全。

（2）高温再热器安装。

1）高温再热器整体组合后，利用炉顶 10t 卷扬机和 63t 塔机配合抬吊将组件板直，上部直接吊出口集箱，下部直接用钢丝绳捆绑组件配合吊装板直。

2）高温再热器组件吊装时，要有可靠的防变形措施，避免在吊装过程中管屏变形。组件吊装到位后直接就位在其自身吊挂装置上，用销轴和销固定。

3）高温再热器吊装同样考虑其安装区域其他管屏的吊装顺序，配合安装。

4）高温再热器安装完毕后，安装进口分配集箱和进口集箱，所有再热器进口、出口集箱安装完成并验收合格后，安装低温再热器至高温再热器的蒸汽连接管。

六、储水罐安装

施工工序：设备卸车→清点、检查→设备吊装临时吊挂→启动循环系统上部连接管与储水罐对口焊接→固定装置安装→储水罐导向装置安装→调节标高及垂直度→验收。

第三节　循环流化床锅炉其他设备（部件）安装

管道、风机系统安装本书不再赘述，与其他普通煤粉锅炉安装方法大致相同，本书重点对循环流化床锅炉特有的回料器、给煤装置、滚筒式冷渣器、炉内脱硫系统安装及炉墙砌筑进行介绍。

一、回料器安装

在施工过程中，要保证返料器各处的尺寸，特别要注意返料器尺寸中的 A、B 两个尺寸（见图 3-8），以防偏大或偏小。由于各地的煤质不同，其颗粒度的大小也不同，特别是低位发热量较低且小颗粒所占比例较大的无烟煤，运行时循环灰量比较大。锅炉运行一定时间后，尺寸 A 因磨损而不断减小，要经常检查

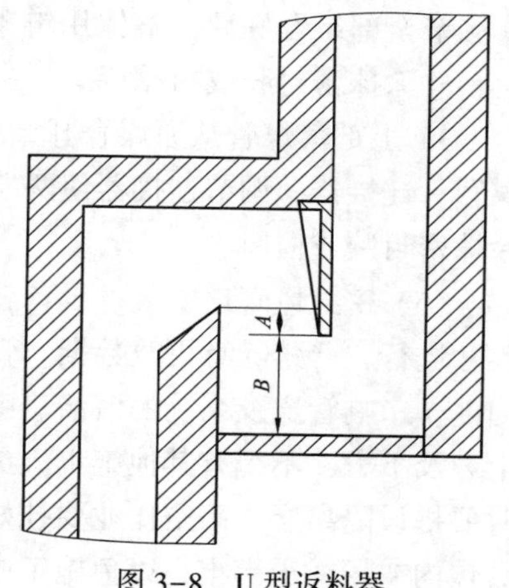

图 3-8　U 型返料器

耐火砖的损坏情况，避免尺寸 A 的数值为零或负值。这样将会导致呈正压的炉膛密相区热烟气反窜进入旋风分离器内，破坏旋风分离器的工作条件，使返料被迫中止。在安装时，尺寸 B 过小会使返料阻力增大，过大则会影响返料器位置的物料充满度，均不利于返料，应严格按图纸施工。

二、给煤装置安装

1. 施工工序

给煤机设备检查→给煤机基础划线→给煤机就位→给煤机找正安装→给煤机底座安装加固→进料口设备及调节门安装→出料口设备及插板门安装→密封风管道安装。

2. 施工方法

（1）设备清点、编号、检查。给煤机设备到货后，首先依据图纸对设备进行清点、编号、检查，检查要仔细，编号要清晰，清点要准确。设备外壳应无变形，焊缝应无裂纹和漏焊，设备配套的仪表线路、观察孔玻璃等附件应完好无损。

（2）基础检查、划线。检查基础的预埋钢板表面平整度、外形尺寸、中心位置偏差以及与厂房建筑基准点的相对标高，并做好记录。按照图纸划出基础纵、横主中心线，确定出设备安装的纵、横主中心线。

质量标准：基础纵、横主中心线偏差应小于 10mm，中心线距离偏差应小于 10mm，基础标高偏差应小于 10mm。

（3）设备就位。基础检查合格后，依据图纸将设备倒运吊装至该设备基础，用锅炉主吊机械、链条葫芦配合进行，就位前确认编号与基础编号一致。

（4）给煤机本体找正。

1）给煤机进口与原煤仓中心线重合，给煤机出口与出口溜管中心线重合。标高符合图纸要求。整机水平偏差不应大于 2/1000mm，注意出煤口底板焊接质量，应满焊并确保焊缝高度，以防万一爆燃时承受冲击力。设备找正结束后，对设备底板与预埋钢板进行焊接。

2）给煤机出口管道安装时，在 25m 给煤机平台上连同手动插板门、气动插板门、膨胀节全部组合好后，整体用链条葫芦就位安装。盘根需加在法兰面螺栓内侧结合面上，并涂抹密封胶或白厚漆。

3）上部落煤管从原煤仓开始自上而下安装煤仓出口料斗、煤仓出口闸门、上部落煤管、连接器，调节连接器使两端紧密连接。盘根需加在法兰面螺栓内侧结合面上，并涂抹密封胶或白厚漆。

（5）密封风管道安装。设备就位后进行管道的安装，管道安装应严格按照图纸要求尺寸进行，严禁随意更改数据。管道安装中应随时对管道进行封口，以免杂物进入管道内部，影响管道及系统的清洁。由于管道口径大，安装现场复杂，施工时必须检查管道上方及下方，不得有其他施工人员施工，以免发生意外，尽量避免交叉作业，无法避免时要搭设隔离层。高空作业要挂好安全带，高挂低用，使用的小工具、材料等应放进工具包内或用绳子绑牢，以免施工中坠落，发生意外。

三、滚筒式冷渣器安装

1. 施工工序

设备清点检查编号→基础检查划线→设备倒运→支架安装→滚筒式冷渣器安装。

2. 设备倒运

用轨道制作两条滑道，从炉外侧一直延伸至冷渣器基础，贯穿整个炉底。在炉底布置一台5t卷扬机，用50t汽车吊将冷渣器吊至炉外轨道上，用5t卷扬机将设备一一拖至炉底。

3. 滚筒式冷渣器安装

将冷渣器及其支架运至炉底，在每个冷渣器上方12.6m平台上打两个直径200mm时孔，然后悬挂两个20t的链条葫芦将冷渣器吊起，根据基础划线将支架安装就位。在冷渣器支架焊接牢固后，将冷渣器安装就位。

四、炉内脱硫系统安装

炉内脱硫系统主要包含石灰石粉仓、输送系统及喷药装置。

循环流化床锅炉炉内脱硫是采用石灰石干法脱硫来实现的，即将炉膛内的$CaCO_3$高温煅烧分解成CaO，与烟气中的SO_2发生反应生成$CaSO_4$，随炉渣排出，从而达到脱硫目的。

1. 石灰石粉仓安装

（1）施工工序。设备清点检查编号→基础检查划线→设备倒运→石灰石粉仓钢支架组合安装→石灰石粉仓组合→石灰石粉仓就位安装→其他附属设备安装→石灰石粉仓围护结构安装。

（2）石灰石粉仓安装与渣仓安装类似，用吊车将钢支架柱子分件进行吊装，每根柱子吊装并焊接牢固后进行下一件立柱吊装。然后将运转层平台在钢支架框架内进行组合，待组合焊接完毕后，整体吊至就位位置（平台标高4.7m），并与立柱焊接牢固。然后将斜撑就位，并焊接牢固。

（3）粉仓分两段进行组合。

下部组件：将锥段与直段下边第一节组合在一起。锥段分七层，按照从下往上的顺序进行组合。

上部组件：将剩余直段仓壁与顶盖及仓顶起吊装置组合在一起，组合顺序为由上往下进行。

2. 石灰石输送系统

石灰石输送系统一般分为两级料仓石灰石输送系统和单级料仓石灰石输送系统两种。两级料仓石灰石输送系统分为石灰石粉库（锅炉房外）至中间粉仓的前置段输送和中间粉仓至锅炉炉膛的后置段输送两个部分。前置段输送采用空压机作为输送用气动力源进行定容间断输送；后置段输送采用罗茨风机作为输送用气动力源进行可定量调整的连续输送。两级料仓石灰石输送系统主要是由储料仓、正压气力输送系统、炉前仓、喷吹系统、电气控制系统等组成。物料采用罐车压送到储料仓，再由正压气力输送系统输送至炉前仓，最后经喷吹系统吹送入炉膛。整个系统采用 PLC 程序控制。输送系统是以空压机作为动力源，采用高密度的低压栓流式输送，将物料从发送器以灰栓形式由管道输送至炉前仓。正压气力输送系统由发送器、进出料阀、补气阀、管路等组成。

3. 喷药装置

脱硫剂的添加位置应设置在分离器的返料口处，以利于其与煤的充分接触、混合，使脱硫剂与煤较好地同步燃烧。

五、炉墙砌筑

1. 施工前应具备的条件

(1) 施工部位验收与交接。

1）锅炉经水压试验和检查验收合格，并办理交接手续。

2）所有浇注入炉墙内的仪器仪表零管件、水冷管和炉顶支吊装置的安装质量均应符合设计规定和砌筑要求。

3）认真核对与砌筑有关的锅炉本体各部位尺寸和炉体钢架、筒体、门孔、管孔、水冷壁、水冷管束的垂直度、平整度、倾斜度等要求，管子间距和平直度，以及省煤器、空气预热器和炉排的相对位置等能够满足砌筑要求。

4）钢架、汽包、集箱上安装用的临时支撑应拆除完毕。

5）其他影响筑炉施工的临时措施应满足砌筑要求。

6）拌制不同浇注料、灰浆、抹面料等材料时，必须洗净所用机械机具，搅拌用水必须是洁净自来水，严禁使用碱水及含有机悬浮物的水。

(2) 锅炉炉墙设备的设施应采用防水、防雨等措施。

(3) 炉墙应按图纸设计要求的规定留出膨胀缝，其宽度偏差±3mm，膨胀缝边界应平整，膨胀缝内应清洁，不得夹有灰浆、碎砖及其他杂物，缝内填塞直径大于间缝的硅酸铝纤维绳，其向火面最外侧耐火绳应与耐火砖墙的平面取齐，不得外伸内凹。

(4) 浇注炉墙的平面度、垂直度和厚度等允许偏差应符合表 3-2 的要求。

表 3-2　浇注炉墙的平面度、垂直度和厚度等允许偏差　mm

检查项目	技术要求	允许偏差
平面平整度	每米不大于	5
	相邻浇注体表面高差	1
弧面平整度（半径误差）	半径不小于 2m	3
	半径小于 2m	2
垂直度	每米不大于	5
	全墙高度不大于	15
线尺寸误差	长度或宽度	±10
	矩形对角线	15
	高度	±15

续表

检查项目	技术要求	允许偏差
线尺寸误差	拱顶和拱跨度	±10
	烟道的高度和宽度	±15
厚度		±5
膨胀缝		2mm

(5) 耐火浇注料内耐热钢筋网络，除特殊注明外，均采用 $\phi6$ 钢筋 120mm×120mm 网格，钢筋交接处用 $\phi1.6$ 镀锌铁捆扎，浇注前所有钢筋吊杆均涂上沥青。

(6) 耐磨浇注料内采用 Y 型抓钉。浇注前所有抓钉耐磨层部位均涂上沥青。

(7) 膨胀缝内填充物除注明外，均为硅酸铝耐火纤维毡或纸，膨胀缝尺寸未注处，如果此缝为耐火混凝土浇注产生，缝中填充物为 20mm 厚硅酸铝耐火纤维毡，浇注时任其自由压缩。

(8) 在浇注耐磨材料前，应视二次风喷嘴和煤喷嘴管径先涂一层 1~2mm 厚的沥青，以利于高温下的自由膨胀。

(9) 施工用水按耐磨材料要求，本工程内衬料的施工用水必须是生活洁净水，并要求 pH≥6.5，含氯根离子≤50ppm。施工前，应对现场用水进行取样分析，符合要求后再施工使用。

(10) 配料、拌料施工时，配料严格按材料厂家的使用说明书进行过磅配水。加料加水的先后顺序及搅拌时间，应按材料厂家的使用说明书进行。有钢纤维的耐火材料，应在施工操作时注意防止钢纤维扎伤。在符合要求后倒出搅拌好的料立即运走，在料倒出搅拌料筒后，无论运走与否，都不允许再回到料筒中搅拌使用。在每次施工结束后，应将料筒清洗干净，以备下次使用，并做好配料、搅拌时间等各项记录。

2. *炉墙砌筑施工程序*

(1) 抓钉（或钢筋网格）焊接。

(2) 金属件处理及膨胀缝留设：在施工浇注的部位，如遇有金属穿墙件和仪表管件，在制模（或砌筑）前应在金属表面包扎 1.6mm 或 2mm 厚的陶瓷纤维纸（或油毡纸）、耐热钢筋网格和 Y 型钩钉，分别涮上 1~2mm 厚的沥青漆。

(3) 木模制作安装：在需制模板的施工部位，木模按施工图设计的几何尺寸和浇注料厚度进行放样，预制拼装，在外表面覆盖一层三合板或五合板，并在其表面涮 1~2 道脱模剂，以便脱模。制模要求尺寸无误，拼装牢固，浇捣时无移位和松动现象。

(4) 配料、搅拌施工时，严格按材料厂家的使用说明书进行操作。

(5) 拆模：拆模一般在浇注料浇好 24h 后进行，拆模时不允许乱砸乱撬，拆下的模板不允许堆放在施工好的浇注料表面，应堆放在操作平台上，立即运走，送到木模预制间清理干净、修整后再用。

(6) 养护：浇注料在浇注完成后进行潮湿养护。

(7) 各种混凝土施工前均应按设计规定的配合比制成试块（试块规格 160mm×

40mm×40mm），成型后的试块要封样保存，经检验部门检验合格后使用。

（8）炉墙上的检查门、人孔、看火孔等一般为浇注料预制件，砌筑时，应按设计标高和位置放置。水冷壁管或过热器管、对流管等管束与墙面之间的间隙应符合设计要求。

（9）炉墙的砌筑应由内向外，不得由外向内，以确保炉墙的正确尺寸。

3. 关键材料的施工要领

1）不同位置采用的耐火材料可能不一样，施工时，每个区域所用的耐火材料的性能不能低于该区域原始设计规定的要求。

2）所有耐火浇注料内的金属钩钉、穿墙管件等均应涂沥青漆，厚度为1~2mm；或包缠适当厚度的陶纤纸（厚1.6mm或2mm）。为了保证沥青厚度，可考虑熬制沥青浸渍待焊抓钉端部。

3）实践经验表明，根据实际情况适当补焊抓钉，是提高炉体结构稳定性的必要途径。因此，应多置备些Y型扁钢抓钉、V型圆钢抓钉或$\phi 6$耐热钢筋（材质至少1Cr18Ni9Ti以上）。如有必要，现场应考虑采用$\phi 6$耐热钢筋手工制作V型抓钉。对于应力集中区（如大的开孔周边、膨胀节附近等），扁钢抓钉的使用性能优于圆钢抓钉。

4）施工浇注料时，其配料、配水、搅拌时间、水温以及初凝时间必须按材料制造厂的施工工艺要求严格控制。浇注料和可塑料拌和操作时，必须要有材料生产技术人员的监督指导，方可进行。

5）施工浇注料前，其模板的制作安装必须符合要求，采用合理的分隔块施工工艺，并采取有效措施防止模板位移和变形，模面应刷脱模剂。拆模时，禁止乱撬乱砸，对脱模后的浇注料，应采取适当的保护养护措施。

6）可塑料必须困料充分后方能使用，否则会鼓胀、起泡，影响衬里强度。施工可塑料时不允许超厚施工，厚度方向上不允许分层捣打。可塑料必须捣打密实，表面修理平整，在有绝热保温层的情况下，其表面应刺扎排湿孔，切割膨胀缝。为保证可塑料的作业性能，拌和时促凝剂应分散均匀。根据实际施工，可塑料黏结剂中可加入适量的缓凝剂。

4. 耐火材料施工及施工说明

（1）锅炉砖体砌筑。

1）砌体的砖缝厚度、耐火砖砌体的尺寸应按设计要求施工，当设计没有规定时，一般按2~3m/m砌筑。

2）耐火砖在砌筑前应对外形尺寸进行选分，当砖的尺寸误差达不到砖缝厚度要求时，应对砖进行加工，异型砖采用预砌筑的方法进行选分。

3）耐火砖的砖缝应符合下列要求：

a. 砖缝应横平竖直，灰浆饱满，并用百格网随时检查，其灰浆饱满度应大于90%；

b. 砌砖应错缝砌筑；

c. 砌体表面应在凝固前勾缝。

4）砌筑耐火砖时，应用木锤或皮锤找正，不得使用铁锤，当砌筑强度低的轻质耐火砖时，不宜用锤敲打。

5）砌筑复杂而重要的部位前，应进行预砌筑，并做好标记。

6）耐火砖加工应符合下列要求：

a. 砖的砍凿不应在工作面或迎火面，拉钩砖的砖槽不应加工；

b. 砖加工后的厚度不得小于砖厚的1/2，长度不得小于砖长的1/2；

7）不得在砌体上砍凿砖。

8）砌砖中断或返工拆砖而必须留茬时，应作成阶梯形的斜茬，不得留直茬。

9）耐火砌体和隔热砌体在施工过程中，直至投入运行前，应防止受潮。

10）砌体内的各种孔洞、通道、膨胀缝以及隔热层的构造等是否符合设计要求，应在施工中及时检查。

11）炉子中心线和主要标高控制线应按设计要求由测量确定，砌筑前应校核砌体的放线尺寸。

12）固定在砌体内的金属预埋件应在砌筑前或砌筑时安装，金属预埋件与砌体间应根据需要设置膨胀缝。

13）炉的砌体与炉内的炉管间隙应按设计要求准确设置。

14）砌体膨胀缝的尺寸及其分布位置和构造均应符合设计要求。当设计中对膨胀缝的尺寸没有规定时，每1m长的砌体膨胀缝尺寸的平均值应控制为7~8m/m。

15）膨胀缝应均匀平直，缝隙内应保持清洁，不能掉进灰浆和杂物，并按规定填充材料。

16）砌体内外层的膨胀缝应留成封闭式的，互不贯通；上下层的膨胀缝应留成锁口式的，互相错开。

17）隔热砖应错缝砌筑，灰浆应饱满，不得有空鼓和松动现象。

18）直墙应按标杆拉线砌筑，两面均为工作面时，应同时拉线砌筑，炉墙应横平竖直。

19）具有拉砖钩或挂砖的炉墙，拉钩砖应置于砖槽的中央，除砖槽受拉面应与挂件靠紧外，砖槽的其余各面与挂件均应留有间隙，不得卡死。

20）圆筒形（立式、斜置、卧式）炉墙应以中心线砌筑，当炉壳的中心线和直径误差符合设计要求时，可以炉壳作导向面砌筑。

21）按中心线砌筑的弧形墙，应按样板放线砌筑，砌筑时应经常用样板检查。

22）圆形炉墙的砖缝厚度应均匀一致。砖缝不得有三层或三环重缝，上下（左右）两层与相邻两环的重缝不得在同一位置；砖砌炉墙的尺寸允许偏差见表3-3。

表3-3　　砖砌炉墙的尺寸允许偏差

mm

检查项目		允许误差
垂直度	每米	5
	全高	15
平面平整度	相邻砖错台	0.5
	侧、底面	5
弧面平整度（半径误差）	半径不小于2m	3
	半径小于2m	2

续表

检查项目		允许误差
线尺寸误差	长度或宽度	±10
	矩形对角线	15
	高度	±15
	拱顶和拱跨度	±10
	烟道的高度和宽度	±15
全墙厚度		±10
膨胀缝误差		2

（2）耐磨浇注料。

1）材料施工前的注意事项。

a. 材料采用强制式搅拌机搅拌。

b. 材料施工前必须完成施工相关的准备工作，根据不同的施工方法配备必要的施工机具。

c. 施工前应组织有关人员对隐蔽工程进行全面质量检查验收，待确认合格。

d. 施工前应清理施工现场，防止杂物混入料中。

e. 施工单位和使用单位应对保温钉（销钉）等进行质量检查，双方认可后可进行施工。

f. 材料施工前，应将保温钉（销钉）涂上一层沥青，厚度为1~2mm。

g. 材料施工前，应对施工人员进行培训，必要时可做模拟试验，待施工人员对材料的施工性能熟悉后方可进行施工。

2）材料的搅拌。

a. 将组配集料、水泥结合剂及外加剂按比例要求倒入搅拌机中，搅拌至颜色一致。

b. 干混均匀后的混合料即可加水搅拌，加入时应先加入称量好水量的2/3，再视具体施工要求加入剩余水。

c. 加水后的料应在规定时间内用完，一般不超过45min，初凝后的材料应弃之不用。

3）钢纤维的加入。

a. 浇注料粉料、水泥结合剂及外加剂在搅拌机中搅拌时，把已称量好的钢纤维用4目铁筛慢慢筛入正在搅拌的干料中，以防纤维成团。

b. 钢纤维的加入量一般为1.5%~2.0%（具体规格及加入量可参照设计要求）。

c. 浇注料的加入量为6%~8%（质量比），在搅拌加水时，严禁超过本厂提供的加水水量。同时水质应达到饮用水标准。

4）材料的施工。

a. 材料施工前必须完成与施工有关的准备工作，根据不同的施工方法配备必需的施工工具，测定水质情况等。

b. 材料的施工可分为立模振动、手工捣打和机械喷涂三种施工方法。

5）浇注料的养护。施工完毕后，当表面有一定的强度时即可进行养护，方法为用湿麻袋或湿草垫覆盖即可，养护3~5d。

6）浇注料的质量检查及修补方法。

a. 浇注料的质量检查。浇注料烘干后，用半磅锤轻轻敲击衬里，衬里应发出清脆回声，衬里无疏松及无凹凸现象。衬里烘干后，表面应平整、无麻面、无明显裂纹。

b. 浇注料的修补方法。

衬里任一缺陷部位进行修补时，应将衬里凿成外小内大状，修补的最小范围至少包括5个保温钉（销钉）的范围（至少为300mm×300mm），并且在四周用水彻底湿润。所有修补工作应采用和原来施工相同的方法进行。

（3）耐磨可塑料。

1）材料施工前的注意事项。

a. 该材料采用强制式搅拌机搅拌。

b. 施工前应组织有关人员对隐蔽工程进行全面质量检查验收，待确认合格后方可施工。

c. 施工前应清理施工现场，防止杂物混入料中。

d. 施工单位和使用单位应对保温钉（销钉）等系统进行质量检查，双方认可后可进行施工。材料施工前，应将保温钉（销钉）涂上一层沥青，厚度为1~2mm。

2）材料的搅拌。

a. 将组配集料、促凝剂及固化剂按比例要求倒入搅拌机中，搅拌至颜色一致，再加入已称量好的磷酸盐结合剂继续搅拌（搅拌时先加入大约称量好的2/3结合剂，再视具体施工要求加入剩余的结合剂），搅拌均匀后即可使用（搅拌时间一般为3~5min）。

b. 结合剂的加入可根据现场的天气变化及温度来调节其加入量。

c. 施工用料量可根据施工人员的多少和施工进度来调节。

d. 搅拌好的料必须在40min内用完，严禁第二次加入磷酸盐结合剂。初凝后的料应弃之不用。

e. 结合剂的加入量为10%~13%（质量比）。

3）材料的施工。材料施工现场环境温度应控制在10~30℃之间，冬季施工环境温度低于10℃时应有适当的保温措施，夏季施工环境温度高于30℃时，应有降温措施，雨季施工应有防雨措施。

a. 材料在手工捣打时，将搅拌好的材料粘成团填入后应多捣，以使其内部气泡逸出。

b. 材料在抹面时，严禁在施工好的表面撒水或其他干粉。

c. 设备如卧置施工时，应根据筒体直径的大小分为2~3瓣进行施工，每瓣施工完毕后，需停放24h，待有足够强度后再转动设备进行下一瓣的施工。

d. 在施工下一瓣前，应将已施工好材料的接合面打毛并清除，疏松的材料应打掉，再用漆帚渍水加以湿润方可进行下一瓣的施工。

e. 设备如立式施工时，将材料粘成团由下向上进行施工，如中途中断时可根据本部分 d 条进行。

4）可塑料的养护。可塑料施工完毕后，采取自然养护 1~3d 即可烘烤（在养护间，严禁接触水及淋水）。

5）可塑料的质量检查及修补方法。

a. 可塑料的质量检查。可塑料烘干后，用半磅锤轻轻敲击衬里，衬里应发出清脆回声，且无疏松、凹凸现象。衬里烘干后，表面应平整、无麻面、无明显裂纹。

b. 可塑料的修补方法。衬里任一缺陷部位进行修补时，应将衬里凿成外小内大状，修补的最小范围至少包括 5 个保温钉（销钉）的范围（至少为 300mm×300mm），并且在四周用水彻底湿润。所有修补工作应采用和原来施工相同的方法进行。

（4）耐火保温浇注料。

1）衬里材料施工的注意事项。衬里材料施工时，不得将其他添加剂、水泥、石灰等杂物混入衬里料中，不得任意改变组合料的级配，不得在施工好的衬里表面撒水泥、耐火细粉等。

2）衬里材料的施工。

a. 在搅拌机中，将集料和高铝水泥及外加剂按要求倒入搅拌机中，干混至颜色均匀一致（一般为 3min）。

b. 干混均匀的混合料即可加水搅拌，加水时先加入称量水的 2/3，再视具体施工要求加入剩余水（注：加水量为 13%~18%）。

c. 加水的混合料应在规定时间内用完（一般为 35~40nin）。

d. 度均匀，敲打时不能将衬里中的骨料砸碎，及时检查衬里厚度，应达到规定要求，衬里表面应平整、无裂缝。

e. 衬里施工间隙应处理成阶梯形，将接口进行处理，除去残留物，用水彻底湿润方可进行下部施工。

3）立模振捣施工。

a. 模板应符合 GB 50204《钢筋混凝土施工与验收规范》的有关规定。

b. 一次装料高度不得超过 200mm，可采用手工捣制，也可采用插入式振动棒进行振捣。

c. 当衬里料达到一定的强度时，方可脱模养护（一般为 16~24h）。

4）衬里养护。

a. 衬里施工完毕脱模后有一定的表面强度后，即可进行雾湿养护。

b. 养护方法：用喷雾器进行人工喷雾，视衬里表面干湿情况，确定喷雾次数，需保持表面潮湿。

c. 养护时间至少在 24h 以上，原则上每隔 30min 左右喷一次水，但可根据气候条件适当增减喷淋次数。养护完毕后的衬里应停放 3~5d，方可搬动或吊装。

5）衬里修补。衬里修补时，应将需修补的地方凿成外小内大状。修补范围至少应围绕三个保温钉的范围，并将修补地方彻底用水湿润，修补方法与原施工方法相同。

6）衬里质量检查。衬里要求外观平整、厚度均匀，用探针检查允许偏差为±3mm，并且不应有任何空隙，表面无明显裂纹。衬里应平整密实，无疏松颗粒，烘炉前不应有裂纹存在。

第四节　循环流化床锅炉烘炉

由于循环流化床锅炉燃烧的煤矸石产生的煤灰对受热面磨损较严重，锅炉受热面内壁需要使用耐火材料进行砌筑，以减轻对受热面的磨损，延长受热面使用寿命。衬里材料中的耐磨（火）浇注料，由于其密度较大，且含有施工结合水（即游离水），一般施工过程中加水量在5%～6.5%之间；保温层浇注料一般厚度较大，其施工时的施工拌和水量很大，常在25%～35%之间。为了将这些施工结合水和材料自身的结晶水排出，在投运前，必须先通过烘炉机烘炉过程来分阶段进行升温、恒温烘烤，将这些水分烘烤析出，以避免锅炉在生产启动运行过程中由于材料中水分受热急剧汽化，产生的水汽结合力引起衬里材料爆裂和脱落，严重的甚至引起炉墙倒塌。

以350MW超临界循环流化床锅炉为例，烘炉过程共需要进行两个阶段，即低温阶段，常温至350℃±50℃；中高温阶段，350℃±50℃～800℃±50℃。

低温阶段主要是脱去施工结合水（游离水）过程和脱去材料中的结晶水过程，并提高不定型材料的强度和其他物理性能；而到中高温阶段时，耐火、耐磨材料的高温固化强度得到进一步提高，并使其具有陶瓷性结合而最终达到材料的最优物理性能，实现工作层材料具有耐火、耐磨、高强和极好的抗热震稳定性能。

一、烘炉应具备的条件

（1）衬里材料施工全部完成，在炉内环境温度大于5℃以上已自然养护3d，冷态验收合格，并办理验收。

（2）热烟气隔离措施：为使热烟气能集中加热各部位内衬材料，避免热量随烟气排出和水冷壁过多吸热，在尾部烟道入口管排上分别采取临时隔墙措施。

1）为防止烘炉过程中的热烟气及热量散失，除临时安装的烘炉机用风管、烟气排放烟囱外，其余炉内所有的孔洞都要用硅酸铝棉封堵严密，防止烟气逸出，如二次风口、给煤口、排渣口等。

2）在尾部烟道入口管排上固定铁皮，四周留设150～200mm的间隙（用于烟气流通）。

（3）锅炉炉内垃圾、工具和与烘炉无关的临时设施都已清理干净。

（4）锅炉各部位的膨胀指示器安装齐备，指针校对合格，并在冷态下调整到零位，膨胀位移时不受阻碍，所有弹簧吊架的定位销在烘炉开始前已拆除。

（5）消防系统经验收并具备投运条件。

（6）锅炉汽水系统、排污系统及疏水系统安装完毕，锅炉本体及联络管道（包括过热蒸汽管道、一级旁路、排污管道）保温结束并验收合格。

（7）锅炉给水及蒸汽管道安装完成并验收合格；蒸汽管道膨胀已经做好原始记录。

(8) 炉膛密相区、炉膛出口、点火器（风道)、风室、返料系统、分离器、分离器进口、分离器出口烟道等烟温仪表已校准并具备投运条件。

(9) 锅炉向空排汽电动门、排污阀、放水阀开关灵活、不泄漏，并校验合格。

(10) 锅炉照明系统调试完毕并满足烘炉使用。

(11) 烟风系统、汽水系统及燃油的油循环系统，部分设备要具备控制条件，主要有：风机和烟气挡板的开关、开度指示以及保护的投入；油泵启停，阀门开关、报警及保护等功能；锅炉事故放水门、向空排汽电动门经试转合格，并具有暂停功能。

(12) 锅炉本体所有的楼梯、栏杆和平台安装完成，并经验收合格。

(13) 烘炉前预开排汽孔。

1) 在返料系统、分离器出口烟道、点火器风道等钢板式外壳结构的部位，衬里施工了耐磨（耐火)、保温（绝热）浇注料，并且这些部位的衬里材料较厚，需要在金属外壳体上，按间隔每平方米切割一条 5mm×80mm 的缝作为烘炉过程中的排汽孔。

2) 对于一些特殊部位，在烘炉现场具体由烘炉单位的技术负责人指定位置开孔。

(14) 锅炉水位计安装完毕并具备投运条件；锅炉水位监视系统调试完毕并具备投运条件（包括锅炉水位控制室监视系统)。

(15) 烘炉方案、升温曲线已通过审查，升温曲线已张贴上墙，并准备实际运行划线工具。

(16) 参加烘炉的全体人员经过技术交底和安全培训。

二、烘炉操作方法及要求

根据炉型大小可以在点火器、炉膛、回料器、分离器出口烟道等位置布置烘炉机，并根据所在位置大小选择合适的烘炉机。

(1) 首先投运点火风道左右两侧的烘炉机，在稳定和需要升温时再投运其他烘炉机。开始时以小油量低烟温运行，操作按升温曲线进行升温和恒温。

(2) 在投运点火风道烘炉机稳定后，再从下往上按照各个部位的升温要求，依次投运炉膛、返料阀和分离器出口烟道的烘炉机。总之，每个部位投运台数、燃油量控制、启动与停运都必须遵照升温曲线控制要求进行严谨操作。

(3) 每台烘炉机都可以调节油量流量，如 250kg/h 的烘炉机调节范围是 150~250kg/h；180kg/h 的烘炉机调节范围是 100~180kg/h；100kg/h 的烘炉机调节范围是 50~100kg/h；75kg/h 的烘炉机调节范围是 30~75kg/h。

(4) 烘炉的程序见图 3-9。

三、测温点布置及要求

(1) 烘炉期间，利用锅炉设计安装在各部位的热电偶来进行炉内耐火、耐磨衬层材料烘烤温度的监测，不需要再另外安装临时热电偶。如点火器风道、风室、炉膛密相区、炉膛出口烟道、返料系统、分离器、分离器出口烟道等这些部位，都安装了运行时用的热电偶，这些部位的温度监测是以炉内烟气温度为监测值。

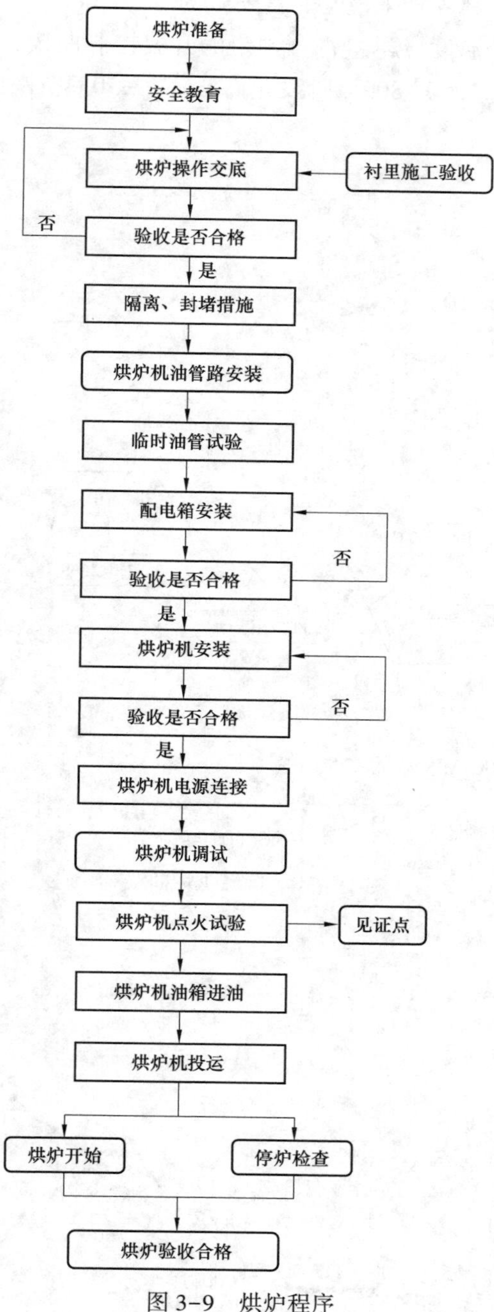

图 3-9　烘炉程序

（2）热电偶温度的测量不是直接对耐火材料进行测量，而是测量烟气的温度，这也是烘炉过程采用最科学、最安全的烘炉升温控制温度。这些测点的温度测量值即可代表该处内衬材料烘炉升温曲线温度。

（3）养护期间，通过调节燃油烘炉机的燃油流量、运行与停运时间来控制温升和恒温时间，因此热电偶使用前必须校对准确。由于耐火材料的温升滞后于烟气温度，因此控制烟气温度对于耐火材料养护来说是非常安全的。

(4) 烘炉期间，各处温度应尽量符合预定的升温控制曲线，250℃以下阶段允许温差在±20℃的范围内波动，250～800℃阶段允许温差在±50℃范围内波动，但瞬间温差波动不超过 80℃。

四、烘炉曲线

1. 低温烘炉曲线

低温烘炉曲线见图 3-10。

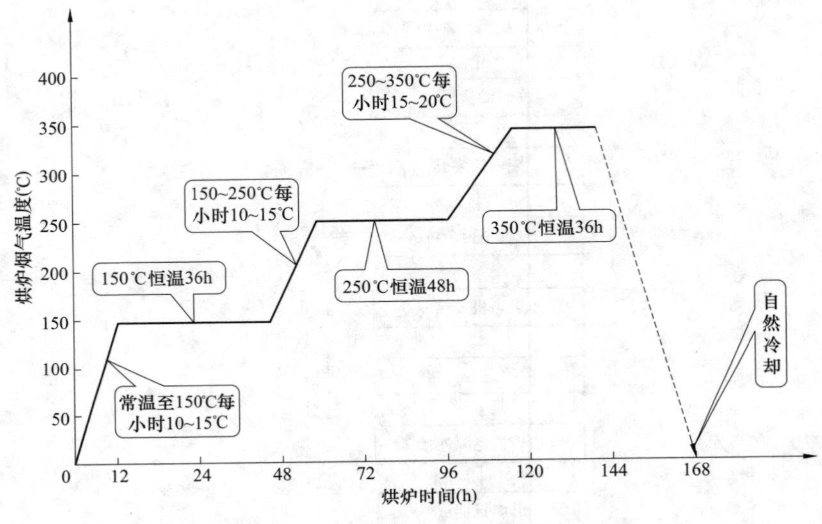

图 3-10　低温烘炉曲线

2. 中高温烘炉曲线

中高温烘炉曲线见图 3-11。

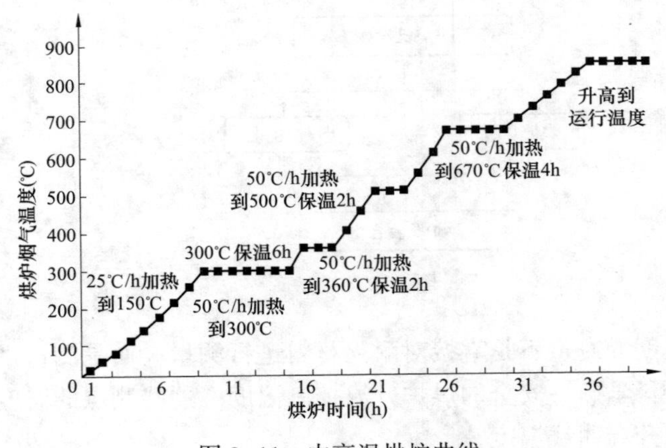

图 3-11　中高温烘炉曲线

五、烘炉验收

烘炉前在炉内对应部位放置工作面材料做的试块，待烘炉结束后对其做含水率检测，作为烘炉效果评定的依据，试块水分合格标准为含水率小于2.5%。

内衬材料在完成低温烘炉后，炉内墙面不能出现开裂、脱落、变形和起拱现象。浇注料表面的毛细裂纹允许存在，这是因为金属材料与非金属耐火材料的线膨胀系数不一致，属正常物理现象。但不允许有一条贯穿三块施工模板延长到第四块模板面的直通裂纹出现。

第五节　循环流化床锅炉检修

由于循环流化床锅炉所用燃料对受热面、烟道等磨损较严重，为确保锅炉安全稳定运行，尽可能延长锅炉使用寿命，达到最高的经济效益，定期对锅炉各部件进行检修尤为重要。下面对锅炉各主要部件的检修项目进行介绍。

一、省煤器检修

1. 省煤器及集箱检修策略

省煤器及集箱的检修应采用预防性检修为主的检修方式。

2. 省煤器及集箱检修项目

省煤器在运行中最常见的损坏形式有外壁磨损堵灰、内壁腐蚀、管子漏水等。

3. 省煤器及集箱大修标准项目

(1) 清除管外壁积灰。

(2) 检查蛇形管的磨损、变形及腐蚀情况。

(3) 更换部分磨损超标或不合格的直管和弯管。

(4) 配合化学监督进行割管检查，校正管排。

(5) 检查处理或更换防磨装置。

(6) 检查支吊架及管卡。

(7) 检查集箱支座调整膨胀间隙。

(8) 消除手孔焊口泄漏。

(9) 对吹灰器吹扫范围内的受热面要重点进行检查，更换吹损超标的受热面管。

(10) 随炉进行水压试验检查。

4. 省煤器及集箱检修特殊项目

(1) 处理大量有缺陷的蛇形管焊口或更换管子超过5%以上。

(2) 省煤器酸洗。

5. 省煤器及集箱检修重大特殊项目

(1) 整组更换省煤器。

(2) 更换集箱。

（3）增、减省煤器受热面超过10%。

6. 省煤器检修工艺

（1）降压和通风降温后，使用压缩空气除去省煤器蛇形管外壁的积灰。吹灰前，可联系运行人员开启一台引风机运行，其挡板开度应符合检修人员的要求。

（2）仔细检查省煤器管的磨损情况，应重点检测下列几个部位：

1）蛇形管弯头。

2）烟气最先接触的1、2、3排管弯头。

3）管卡、支吊架处的管子、人孔门不严处的管子。

4）顺排管组下面的几排管子、穿墙部位。

5）防磨罩脱落处或管排严重变形处附近的管子；发现有明显磨损处，应利用测厚仪或游标卡尺测量，若超过标准，应将其更换。

（3）按化学、金属监督人员的要求切割省煤器蛇形管时，可将个别不影响其余蛇形管支撑的管卡割开，以便切割和修磨管口。管子割下后若不能立即恢复焊接，应在切口处加锥形木堵头，并贴封条。

（4）割下的管段，标明其割管部位，做好记录，送交化学、金属监督人员检查。

（5）利用坡口工具制出切割管的坡口，配制一段新管焊上，恢复割开的管卡。

（6）检查蛇形管的支吊架和管卡子，脱落处应补齐或完善，损坏或严重变形者应更换或修理。

（7）检查省煤器管的防磨装置，防磨罩板应分段安装，每段卡长度不大于2m，段与段之间应留有适当的膨胀间隙，并在接口上覆盖相似形状的压板，压板应一端固定，一端能自动膨胀。对于损坏或脱落的防磨罩板应更换，对歪斜或扭曲的应校直。

（8）集箱内部检查和集箱手孔封堵切割的检修工艺与水冷壁集箱的检修工艺相同。

7. 省煤器检修质量标准

（1）蛇形管间的积灰和异物应清除干净。

（2）蛇形管排排列整齐，保证烟气流通截面均匀流通。

（3）省煤器管的支吊架、管卡和防磨装置齐全完善、稳定牢固，防磨盖板厚度不小于1.2mm。

（4）省煤器管有局部磨损，其面积不超过2mm^2，深度不超过管壁厚度的30%者，可进行堆焊补强；如果磨损超过30%或者有普遍的严重磨损时，则应更换新管。

（5）切割管子时，切口距集箱外表面的距离应大于70mm，切口与弯头起弧点或与相邻焊缝的距离应大于150mm。

（6）管端坡口和对管要求与水冷壁的坡口、对管质量标准相同。

（7）配制的钢管材质、材质标准与原管材质、材质标准应一致，选用的焊条应符合要求，当需使用代用材料时，应经有关部门批准。

（8）焊工应由合格焊工担任，并做好焊接工作记录。

（9）更换整排蛇形管时，蛇形管必须单独经过水压试验和通球试验合格。

二、水冷壁检修

1. 水冷壁检修策略

水冷壁检修应采用预防性检修为主的检修方式。

2. 水冷壁检修项目

结焦、磨损、焊口缺陷、变形、过热、泄漏、爆管等的大修。

3. 水冷壁大修标准项目

（1）清除炉膛内床料、积灰与焦渣。

（2）检查炉膛水冷壁蠕胀变形、磨损、胀粗、损伤情况，并做书面记录。

（3）检查管子的腐蚀情况或局部割管、换管。

（4）配合化学监督人员进行割管检查，并根据上级要求割集箱手孔封头，清理集箱内部腐蚀、结垢，消除焊缝泄漏。

（5）检查、焊补磨损穿孔或开裂的鳍片和密封件，以及其他密封物件，消除泄漏点。

（6）检查耐火保温材料和销钉是否脱落，并消除脱落现象。

（7）水冷壁膨胀间隙与膨胀指示器及密封系统的检查。

（8）水压试验。

4. 水冷壁及集箱检修特殊项目

（1）更换集箱及管排。

（2）更换新管超过全部水冷壁管总量的1%。

（3）水冷管酸洗。

（4）浇注料更换超过全部水冷壁内浇注料总量的30%。

5. 水冷壁及集箱检修重大特殊项目

（1）增加炉膛高度。

（2）更换大号管子。

6. 水冷壁检修工艺

（1）水冷壁检修准备工作。

1）常用工具：锯条、手锤、钢丝刷、对口卡具、锉刀、旋转锉、錾子、坡口机、活扳手、钢板尺、小撬杠、36V行灯、电焊机、焊钳、割炬、竹竿。

2）检修常用材料：相同材质与规格的管子、专用封头、氧气、乙炔、焊条。

（2）水冷壁检修步骤。

1）装设足够数量的110、220V临时性固定电灯，电源线须绝缘良好，用竹竿或木棍支吊于接触不到工作人员的高处，并安装牢固，工作负责人检查后方可使用。

2）从人孔门处观察炉内积焦情况，并用竹竿等物将人孔门及其水冷壁内大块且易于掉落的焦块捅下来。

3）待炉内底温度降至40℃以下时，检修人员方可进入炉内进行各项检查工作。

4）根据工作需要，搭设稳定、牢固的炉膛脚手架。

5）对水冷壁管进行逐项检查，应重点检查下列部位：

a. 检查炉膛水冷壁非密相区与密相区耐火材料交界处管子。

b. 检查炉膛出口两侧处水冷壁管。

c. 检查水冷屏下部管子上的保温是否脱落，管子是否磨损，并检查保温和光管接触处管子的磨损等异常情况，并做好详细记录。

d. 检查水冷屏穿墙管处的密封是否损坏。

6）清理结灰，打掉焦渣。人处于焦渣的上方，自上而下进行，并有一人在外监护，随时保持联系。

7）当检查发现局部水冷壁管段有严重缺陷时，可按下述方法进行更换：

a. 确定损坏的管段，并做好记号、记录，校对炉内、外的位置。

b. 拆掉外罩板（外护板）和保温层，根据需要搭设脚手架或检修吊篮。

c. 划线割管。要求距离起弧点不少于100mm，距离另一焊口不少于150mm，修制坡口。先把需要更换管段两边的鳍片焊缝割开，比更换管段长200mm即可，再把更换管段的鳍片切开口，上下鳍片各割掉约100mm。

d. 配管。领出合格的管子，按照测量的实际尺寸进行下料锯管，分别制作两边的坡口，并将管端打磨干净。较长的新管需经酸洗、钝化后才能使用，管子在安装就位前应做通球检查。

e. 对管焊接。配好管子后，用管卡子把两端焊口卡好即可焊接。焊接时先点焊两头焊口，然后拆掉管卡子再进行焊接。

f. 管子焊完后，鳍片用相同材料补全密封焊接。

g. 对炉膛侧的水冷壁焊口及焊补的鳍片应作打磨，保证表面光滑。

h. 焊完后可用射线透视检查焊口质量，透视合格后，进行水压试验检查，合格后恢复保温层和外护板。

8）经检查发现整根水冷壁管或管组有严重缺陷必须更换时，应先查明管子全长和弯头的数量及规格，照图配制好所需的弯头。

9）检查管子弯曲变形情况，采用炉内或炉外校直法处理。

10）用样板卡规或游标卡尺检测水冷壁管的胀粗程度和鼓包情况，若超过原管外径的5%，则应更换新管。

11）检查水冷壁管的磨损程度，主要检查浇注料终止线上部、炉膛四角、炉膛出口对流管等处，若超过标准则应更换新管，若未超过标准的局部磨损，则可堆焊补强或贴焊补钢筋。

12）按照化学监督人员提出的位置和要求，划线切割水冷壁管，锯开割下的管段长400~500mm，标明它的位置并进行登记，然后交化学监督人员检查其腐蚀和结垢情况，进行换管。

13）配合金属监督人员进行水冷壁集箱及各焊缝的探伤检查，可按下列方法进行：

a. 将保温拆除，表面打磨至金属光泽，由金属监督人员决定是否用超声波探伤法寻找裂纹位置，然后用X射线探伤法检查裂纹情况，由金相人员确定是否作金相分析，以便根据其组织变化情况确定处理措施。

b. 若发现集箱上部有局部裂纹，可用顶锥角为90°，直径为15mm的钻头在裂纹的两端钻孔，其钻孔深度应超过裂纹深度23mm，然后沿裂纹打出U或V型坡口，再行补焊，但具体的技术措施应经总工程师批准。

c. 对于决定抽查和有怀疑的焊缝，应先打磨出金属光泽，然后由金属监督人员进行探伤检查或作金相分析。

d. 按化学监督人员提出的位置和要求，征得焊接人员同意后，切割集箱端部或手孔封头。切割处应尽量靠近封头焊缝，可用石笔划出与集箱中心线相垂直的切口线，火焊切割时，应考虑封头能继续使用，并尽量靠近封头外，不能损坏。封头切割后，应做好记录，并通知有关金相人员进行检查。

e. 待检查完毕后，将集箱内部的锈污、氧化铁、杂物清除干净。

f. 用坡口工具制出集箱的焊缝坡口，将配制的封头或旧封头车削加工好坡口后焊接恢复。

7. 水冷壁检修质量标准

（1）炉膛积灰、积焦应清除干净。

（2）水冷壁管的局部磨损，其面积小于10mm^2，磨损厚度小于管壁厚度的10%者，可以进行堆焊补强，堆焊后进行退火处理；如果有普遍磨损或者超过原厚度的1/3，则应更换合格的新管后进行喷涂。

（3）水冷壁管胀粗值超过原有外径的2.5%或外表有纵向氧化微裂纹时，应更换新管；对于局部胀粗的管子，虽未超过以上标准，但已能明显地看出金属有过热现象时，也应更换新管。

（4）管子外部不允许有鼓泡或凹坑，否则应予换新管。

（5）水冷壁管排应平整，个别因运行变形的或更换的新管子突出原有位置不大于管径的40%，间距应均匀。

（6）水冷壁管的切口至焊缝或弯管起弧点的距离应不小于200mm。

（7）水冷壁管的坡口和对口焊接的技术要求如下：

1）端面与管子的中心线垂直，在距离面200mm处，中心线最大偏差不超过0.5mm。

2）坡口角度30°~35°，钝边1~2mm。

3）管端内外壁至少有10~15mm的长度段打磨至金属光泽。

4）对口间隙1~2mm，错口不超过管子壁厚的10%。

5）焊接必须保证在无应力的情况下进行，焊工应由取得相应管材焊接证并考试合格的焊接人员担任。焊缝检验合格才能投入运行。

6）焊接所用的管材、焊条应合格，若采用代用材料，应经有关技术部门批准。

7）检修技术记录齐全、准确。

（8）整体水压时无渗漏。

（9）集箱不水平度不大于2mm。

（10）刚性梁能保证水冷壁的自由膨胀，各装置之间的膨胀正常，无变形、卡涩现象。

三、过热器、再热器、集箱和减温器检修

1. 过热器、再热器及集箱检修策略

过热器、再热器及集箱的检修应采用预防性检修为主的检修方式。

2. 过热器、再热器及集箱检修项目

对超温过热、膨胀爆管及磨损的检修。

3. 过热器、再热器及集箱大修标准项目

（1）清扫管子外壁积灰。

（2）检查屏式过/再热器、包覆过热器、高温过热器、低温过热器、冷段再热器的磨损、蠕胀和变形，并做书面记录。

（3）检查和修理管子、支吊架、管夹和护瓦等防磨装置。

（4）对吹灰器吹扫范围内的受热面要重点进行检查，更换吹损超标的受热管。

（5）割管检查，更换少量管子。

（6）检查修理喷水减温器集箱、进水管等。

（7）检查测量集箱蠕胀并做书面记录。

（8）根据上级要求切割集箱手孔封头，检查集箱内部腐蚀结垢情况，并进行清理。

（9）检查集箱支吊架及膨胀装置。

4. 过热器、再热器及集箱检修特殊项目

（1）更换新管超过总量的5%或处理大量焊口。

（2）挖补集箱。

（3）更换管子支架及管卡在25%以上。

5. 过热器、再热器及集箱检修重大特殊项目

（1）整组更换过、再热器。

（2）增加受热面10%以上。

（3）更换集箱。

（4）过热器酸洗。

6. 喷水减温器检修项目

（1）检查减温器进水管。

（2）检查管座焊缝、紧固螺钉、固定螺钉的封堵焊缝。

（3）根据需要检查喷水多孔管。

（4）检查支吊架是否牢固，膨胀良好。

7. 过热器、再热器和减温器检修工艺

（1）过、再热器检修准备工作。

1）常用工具：锯条、手锤、钢丝刷、对口卡具、锉刀、旋转锉、錾子、切割机、

坡口机、内圆磨头机、活扳手、钢板尺、76V 行灯、电焊机、焊钳、割炬、竹竿、小撬杠、电源线等。

2）检修常用材料：相同材质与规格的管子与防磨瓦专用封头、氧气、乙炔、焊条。

（2）过热器、再热器检修工艺。

1）装设足够数量的 24V 以下低压照明行灯。

2）搭建稳定、牢固的脚手架。

3）待工作区域的温度降至 60℃以下时，工作人员方可入内，如需提前进入，应采取必要的安全措施。

4）检查过、再热器积灰情况，并做好记录。

5）利用压缩空气吹扫过热器、再热器的管间积灰。吹灰前，可联系运行人员开启一台引风机运行，并使其挡板开度适合吹灰要求。

6）用卡规或游标卡尺测量屏式过热器、高温过热器、包墙过热器、悬吊管、再热器的蠕胀程度和磨损情况（特别是迎烟气的头几排上重点检查），不便用卡规的地方可用手摸，看有无磨损平面及形成的棱角，必要时加装防磨罩、防磨板，对于弯头部位尤其重要，管子起皮者或检查超过标准者应更换新管。

7）检查高温过热器、再热器管排固定用管卡是否有烧坏、松脱而引起管排位移，管子变形、磨损和管排堵灰等，对损坏或者变形严重的应换新管卡或进行修理。

8）用目测或用直尺测量及拉钢丝的方法检查管子的弯曲程度，超过标准者应进行校直或更换。

9）按照化学监督或金属监督的要求进行割管取样检查。一般应根据化学人员要求的部位，选择便于切割和焊接的具体位置，必要时可将管卡割开。管子割开后，若不能立即焊接恢复，应加封头堵严管孔，防止异物掉入管内，用手锯或电锯割管，不允许采用火焰割的办法。

10）将割下的管段标明其部位，并在检修记录簿上做好登记后，送交化学监督与金属监督人员检查其腐蚀、结垢情况及钢管的金相组织情况。

11）用坡口工具制出所切割管子的坡口，然后配制一段新管焊上，并恢复割开的管卡。

12）集箱各支吊架应完整、牢固，为此必须仔细检查各焊口有无裂纹，支持托架、吊架应无妨碍集箱膨胀的地方。

13）根据金属监督安排，对高温过热器集箱、减温器集箱、集汽集箱进行仔细检查，注意检查表面裂纹和管孔周围有无裂纹，必要时进行无损探伤。

14）检查包墙过热器四角密封及穿墙管子的密封。

（3）减温器检修工艺。

1）检查进水管是否畅通。

2）配合金属监督人员检查喷水管座和减温器进出口管的焊缝是否有裂纹。

2）必要时割开手孔，用窥视镜检查内部情况。

4）必要时割下喷水管座检查套管是否松动，有无裂纹，检查喷孔冲刷情况，复装时喷水管的喷孔喷射方向应与蒸汽的流向相同。

5）仔细检查各定位销及限位销的焊缝是否有裂纹等缺陷。

8. 过热器、再热器和减温器检修质量标准

（1）过热器、再热器检修质量标准。

1）过热器、再热器的管间积灰应清除干净。

2）局部磨损的管子，其管壁磨损不大于壁厚的10%，局部磨损面积不大于10mm^2，可采用堆焊方法补强。超过标准者应更换新管。

3）若管子硬伤面积不大于10mm^2，其深度不超过管壁厚度的30%者，可采用堆焊方法补强。

4）局部胀粗的管子，若达到下列标准者，应更换合格的新管：

a. 碳素钢管胀粗值达到原有管子外径的3.5%，或者管壁明显减薄或严重石墨化。

b. 合金钢管胀粗值达到原有管子外径的2.5%，或者管壁有明显减薄或严重石墨化（细化到每种管材）。

c. 对于未超过上述标准，但已明显过热者，也应予更换。

5）切割管子时，切口应距弯头起弧点150mm以上，至相邻焊缝的最短距离也应大于150mm。

6）过热器管、再热器管的坡口和对口要求与水冷壁的要求相同。

7）过热器管、再热器管固定用的管卡和防磨装置应齐全完善、稳定牢固。

8）焊接所用的管材应与原设备钢材的牌号、标准号一致，其中更换者为合金钢管，必须做光谱检验，所用的焊条应符合设计要求。若改换其他代用材料，应经有关人员批准。

9）对于合金钢管及厚壁碳素钢管的焊接，焊前应进行预热，焊后应进行热处理（焊接、预热和热处理温度、时间与要求按照焊接规程及焊接工艺卡片的要求执行），焊接工作应在避风处进行，防止焊口冷却过快，发生空气淬火脆性或裂纹，特别是对含高铬量的合金钢管更需注意。

10）焊接材料的质量应符合国家标准、行业标准或有关专业标准。焊条、焊丝应有制造厂的质量合格证书，并经验收合格方能使用。

11）焊工应由经培训考试合格并取得与所焊管材相对应的焊接证的焊接人员担任，焊缝质量应按焊接规程要求抽样检验。焊缝检验合格才能投入运行。

12）负墙管间四角密封，不得有缝隙。

（2）减温器检修质量标准。

1）进水管系统应畅通。

2）进水多孔管固定牢固，减温汽流喷射方向与蒸汽流向一致。

3）进水管座焊缝及固定螺钉、紧固螺钉封堵焊缝不得有裂纹。

4）混合套筒无变形、裂纹，固定牢固，与筒身内壁间隙均匀。

5）筒身壁及两端焊缝无裂纹。

检修完成后需对锅炉本体进行水压试验，以检查检修过程中各承压部件焊口接头、阀门

结合面、密封面及法兰、集箱等处的严密情况，如在试验中发现泄漏，应及时消除。

四、水压试验范围、水压试验方法与合格标准

1. 水压试验范围

（1）锅炉本体（给水系统和过热器系统）：包括省煤器、水冷壁、水冷屏及过热器系统，自给水泵出口至三级过热器出口蒸汽管道止（水压试验时用堵板）。

（2）再热器系统：自再热器冷段入口（水压试验时用堵板）至热段集箱出口蒸汽管道止（水压试验时用堵板）。

（3）水压试验时，对于定值低于水压试验压力的安全阀采取压紧装置防止起跳。

（4）锅炉本体部分管道附件，疏、放水门水压试验到二次门。

2. 水压试验的条件、方法与合格标准

（1）工作压力水压试验的要求：

1）水压试验应在锅炉承压部件检修完毕，汽包、集箱的孔门封闭严密，汽水管道及其阀门附件连接完好、堵板拆除后进行。

2）水压试验用水质量应符合以下要求，水温按制造厂规定数值控制，一般以21~70℃为宜。

a. 蒸汽压力为9.8MPa以下锅炉的水压试验，采用除盐水或软化水。

b. 蒸汽压力为9.8MPa及以上锅炉的水压试验，应采用除盐水。整体水压试验用水质量应满足下列要求：

（a）采用除盐水时，氯离子含量小于0.2mg/L；

（b）联氨或丙酮肟含量为200~300mg/L；

（c）pH值为10~10.5（用氨水调节）。

3）升压速度不大于0.3MPa/min，降压速度不大于0.5MPa/min。

4）水压试验合格标准：

a. 停止上水（在给水门不漏的条件下）5min后压力下降值：主蒸汽系统不大于0.50MPa；再热蒸汽系统不大于0.25MPa。

b. 承压部件无漏水及湿润现象。

c. 承压部件无残余变形。

（2）锅炉超压水压试验。

1）锅炉超压水压试验一般在锅炉大修最后阶段进行。超压试验应具备以下条件：

a. 锅炉汽包工作压力下的水压试验合格；

b. 需要检查部位的保温已拆除；

c. 不参加超压试验的部件已解列，并对安全阀采取限动措施；

d. 使用两块经校验合格的压力表，压力表精确度不低于1.5级；

e. 已制订防止压力超限的安全措施；

f. 有关制造厂质保书、强度计算书、图纸、材质资料齐全。

2）水压试验的操作。

a. 水压试验由总工程师指导，由检修锅炉专业负责进行，并由一人负责统一指挥。水压试验操作由运行人员负责、检修人员配合，由检修人员负责检查，并由检修负责人通知运行人员进行试验系统隔离，使各系统以二次门为界参加水压试验。

b. 通知锅炉运行人员上水质合格的除盐水，水温为50~60℃，进入储水罐的给水温度与储水罐金属温度差不超过50℃，升压时各受热面外壁温度必须大于20℃，但也不宜超过70℃。

c. 锅炉上水时间：冬季不少于5h，夏季不少于2h。进水温度和受热面金属温度接近时，可适当加快进水速度，当差值较大时，进水速度应缓慢。锅炉满水后最高端空气门冒水停止，运行人员关闭上水门后，应进行一次全面检查，确定无泄漏时，通知运行人员方可升压（水压试验升压时，炉内承压部件附近禁止有人工作）。

d. 超压水压试验步骤：

(a) 升压至工作压力时应暂停升压，升压速度不大于0.3MPa/min；

(b) 检查无泄漏后缓慢升至超压试验压力；

(c) 保持20min后降到工作压力，降压速度不大于0.5MPa/min；

(d) 在工作压力下做全面检查；

(e) 全面检查结束后，降压速度应不大于0.5MPa/min。

3) 锅炉超压水压试验压力。锅炉超压水压试验的压力按制造厂规定执行，制造厂没有规定时，按表3-4规定执行。

表3-4　锅炉超压水压试验压力

名　称	超压试验压力
锅炉本体（包括过热器）	1.25倍锅炉设计压力
再热器	1.50倍再热器设计压力
直流锅炉	过热器出口设计压力的1.25倍且不得小于省煤器设计压力的1.1倍

4) 超压水压试验的合格标准：

a. 受压元件金属壁和焊缝没有任何水珠和水雾的泄漏痕迹；

b. 受压元件没有明显的残余变形。

五、旋风分离器和回料器检修

1. 旋风分离器和回料器检修策略

旋风分离器和回料器检修采用预防性检修为主的检修方式。

2. 旋风分离器和回料器检修项目

受热面泄漏、床料结焦、风帽堵塞、内壁保温防磨材料脱落、膨胀节撕破泄漏等的检修。

3. 旋风分离器和回料器大修标准项目（增加受热面泄漏检修项目）

(1) 清除旋风分离器、回料器内床料和积灰。

(2) 检查旋风分离器、回料器蠕胀变形或磨损情况，并做书面记录。

（3）检查旋风分离器、回料器内保温耐火材料是否有损坏、脱落现象并处理。

（4）重点检查旋风分离器中心筒变形情况及膨胀缝，确认是否有膨胀受阻现象，并做书面记录。

（5）检查回料器流化室底部风帽是否有堵塞现象。

（6）检查旋风分离器锥体风帽及回料器直管上的风帽是否有堵塞现象。

（7）检查金属膨胀伸缩节和非金属膨胀节是否有损坏现象。

（8）漏风试验。

4. 旋风分离器和回料器检修特殊项目

更换内壁新保温防磨材料超过旋风分离器和回料器保温防磨材料总量的30%以上。

5. 旋风分离器和回料器检修重大特殊项目

全部更换旋风分离器和回料器内壁保温防磨材料。

6. 旋风分离器和回料器检修工艺

（1）旋风分离器和回料器检修准备工作。

1）常用工具：扫帚、手锤、钢丝刷、錾子、小撬杠、活扳手、钢板尺、瓦刀、抹子、36V行灯、电焊机、焊钳、割炬等。

2）检修常用材料：高温耐磨料与耐磨砖、氧气、乙炔、焊条等。

（2）旋风分离器和回料器检修步骤

1）装设足够数量的36V以下的低压照明行灯，用竹竿或木棍支吊于高处，并安装牢固。

2）开工前进行通风后，待旋风分离器内进行充分通风且温度降至40℃以下时，检修人员方可进入旋风分离器内进行各项检查工作。

3）搭建稳定、牢固的脚手架，且在脚手架不靠近筒壁侧要搭设栏杆。

4）清理旋风分离器出入口和回料器周围的灰渣。

5）检查旋风分离器及回料阀和返料处各接口处的严密性。

6）清理干净流化风箱及落灰管内的杂物及附着物，并检查其磨损及变形。

7）检查旋风分离器、回料器蠕胀变形或磨损情况，对变形磨损严重的，应及时更换，并做书面记录。

8）检查旋风分离器、回料器内保温耐火材料是否有损坏、脱落现象，如有应按设计要求进行修补、更换。

9）检查各风嘴风帽与风管是否有堵塞、损坏现象，如有应及时进行疏通和更换。

10）金属膨胀节、非金属膨胀节开焊、撕裂、损坏时，应用玻璃水或石棉绳作临时封堵，防止向外窜灰、烟，待检修时进行焊补、更换。

11）漏风试验应安排专人进行查漏，发现泄漏处时做出明显的标记，停风机进行消漏，然后再进行漏风试验。

7. 旋风分离器和回料器检修质量标准

（1）旋风分离器、回料器、风箱灰渣已清理干净。

（2）旋风分离器及回料阀和返料处各接口处严密不漏。

(3) 脱落的耐火防磨保温材料与磨损的保温抓钉已修复。

(4) 各膨胀节、膨胀缝完好无损。

六、空气预热器检修

1. 空气预热器检修策略

空气预热器及暖风器的检修应采用预防性检修为主的检修方式。

2. 空气预热器检修项目

磨损、烟气侧腐蚀、管子堵灰等的检修。

3. 空气预热器大修标准项目

(1) 清除管子间积灰与堵灰。

(2) 检查管壁磨损和腐蚀情况。

(3) 检查管子的断裂及管板处管子焊口的裂纹情况。

(4) 检查、焊补或更换锈蚀、穿孔、漏风的膨胀节。

(5) 检查连通风道及导向挡板。

(6) 进行漏风试验检查、堵漏，修理伸缩节。

(7) 检查暖风器，清除内部杂物。

(8) 清理现场（包括清除空气预热器出口积灰），更换各人孔门密封填料。

4. 空气预热器检修特殊项目

(1) 更换管式空气预热器10%以上的管子。

(2) 更换全部防磨装置。

5. 空气预热器检修重大特殊项目

更换整组预热器。

6. 空气预热器检修工艺

(1) 空气预热器检修准备工作。

1) 常用工具：扫帚、手锤、钢丝刷、錾子、小撬杠、活扳手、钢板尺、36V行灯、电焊机、焊钳、割炬等。

2) 检修常用材料：氧气、乙炔、焊条等。

(2) 空气预热器和暖风器检修工艺。

1) 装设足够数量的36V以下低压照明行灯，行灯变压器及电源线须放在炉外非人行通道处。

2) 当预热器内温度降低到40℃以下时，工作人员进入，用日光照射空气预热器下部管子，观察其有无麻点、锈蚀、磨损、积灰，并做好记录。

3) 清理积灰。

4) 对锈蚀严重的管子要进行更换或将两头堵死。

5) 预热器管磨损严重者，应加装防磨装置进行处理。

检查管子的断管及管子在管板处的裂纹情况，对断裂的管子采用打套管或堵管。对管板处产生裂纹的管子进行打套管处理。打套管时应在套管上涂抹高温胶并打紧，然后在管板处将套管与管板进行满焊。

6）检查风道中的隔板、导向板和支撑架，如果有跌落或破损者，可对其进行焊接修理复位。

7）如果更换管子超过管子总数的30%，应更换管箱。

（3）检查暖风器，可单独进行水压试验检查，发生泄漏可进行焊补消除，如焊补困难可进行堵管或更换。

七、吹灰器检修

1. 驱动机构检修

（1）检查修理吹灰器车内的齿轮、滚轮与导轨梁齿条。

（2）清洗减速箱，更换润滑油。

（3）各转动部件加注润滑油。

（4）检查修复吹灰器限位弹簧卡圈。

（5）检查吹灰器支撑及拉杆。

（6）检查传动链条与链条张紧器。

（7）检查修复吹灰器吊架。

2. 吹灰蒸汽系统检修

（1）检查蒸气输送管、吹灰枪管，清理吹灰器枪头、喷嘴。

（2）更换枪管与蒸气输送管间的密封填料。

（3）检查吹灰器与炉墙间的密封盒。

（4）检查吹灰阀。

3. 吹灰器检修程序及工艺

（1）驱动机构检修。

1）切断电源，由电气人员拆除电动机接线。

2）关闭吹灰蒸汽总阀门、吹灰蒸汽手动隔离门。

3）仔细检查吹灰器车的传动机构，用煤油清洗吹灰器车的齿轮及导轨梁的齿条，检查磨损情况及啮合情况，超过标准的应修复或更换。

4）检查吹灰器限位弹簧卡圈，磨损超标的应修复或更换；对于变形的应更换。

5）打开减速箱放油孔，取少量润滑油，检查有无杂物、金属粉末，检查润滑油色泽是否浑浊，超过标准时更换润滑油。

6）检查吹灰器支撑拉杆的锈蚀、变形情况，超过标准的应更换；对各吹灰器拉杆除锈后进行防腐。

7）用煤油清洗驱动链条及齿轮，检查磨损情况，超过标准的应更换。

8）检查驱动链条张紧装置有无松动及滚轮磨损情况，更换磨损超标的滚轮。

9）各转动部件加注适量的润滑油。

10）进入烟道内，检查吹灰器吊架，矫正歪曲的支吊架；检查滚轮，磨损超标的应更换。

(2) 吹灰蒸汽系统检修。

1) 更换蒸汽输送管与枪管间的密封填料:

a. 松开填料压盖。

b. 手动操作使吹灰器向前移动 300mm。

c. 取出填料盒内的所有填料,注意不能伤到密封面。

d. 用同规格的填料逐一加入填料盒,搭头相互错开 120°。

e. 恢复填料压盖,适当收紧压盖螺栓。

f. 手动驱动吹灰器前后移动 3 次,检查填料的运行情况,如有异声及电动机电流加大等情况,应重新加填料。

2) 解体检查吹灰阀,清洗检查阀体、阀座和压力调节器,必要时研磨阀芯和阀座;检查门杆是否弯曲或腐蚀,检查弹簧的弹性是否足够和其他零部件是否完好,更换不合格的零部件。

3) 检查吹灰枪管及蒸汽输送管是否弯曲,矫正弯曲部分,如无法矫正,应更换新枪管或蒸汽输送管。

4) 进入烟道内检查喷嘴的磨损、损坏、堵塞现象,疏通堵塞的喷嘴,损坏超标的应更换。

5) 打开吹灰器与炉墙间的密封填料压盖,添加填料后恢复。

6) 用手摇动吹灰器,进行转动试验,如有异常,应立即进行处理。

7) 恢复电动机接线,联系试转。

4. 吹灰器检修质量标准

(1) 吹灰枪管转动灵活,旋转自如。

(2) 喷嘴完好,无变形、磨损、堵塞等,喷射气流角度正确。当喷嘴冲刷缺陷达 1.5mm 时,必须更换枪头或采用其他处理方法。

(3) 枪管的挠度<1.5mm/m,总长度内枪管挠度<5mm。

(4) 枪管与蒸汽输送管间的填料规格:10mm×10mm 石墨填料,填料搭头错开 120°,运行中不能有漏汽现象。

(5) 蒸汽阀动作灵活,无卡涩现象,压力调节器输出压力稳定。

(6) 减速箱各结合面严密不漏。

(7) 吹灰阀控制机构动作可靠,吹灰器行程控制准确。

(8) 吹灰器限位弹簧卡圈位置正确。

(9) 驱动链条张力适中,滚轮磨损小于原直径的 10%。

(10) 吹灰器吊架平面与吹灰枪垂直,两吊架高度一致,滚轮磨损小于原直径的 10%,与管道间的连接牢固。

八、布风板检修

1. 布风板检修项目

(1) 清理布风板表面积灰。

（2）疏通堵塞的布风板风帽。

（3）更换不能疏通和严重变形的风帽。

（4）更换布风板上磨损、脱落严重的耐火材料。

2. 布风板检修工艺

（1）清理布风板风帽四周灰尘，对所有出风孔进行全面检查。

（2）利用专用工具将堵塞的出风孔全部疏通。

（3）拉线，用钢板尺检查风管间距。

（4）检查并校正布风板上风帽位置及高度尺寸。

（5）检查风帽开孔偏差。

（6）检查管排垂直度偏差。

（7）宏观检查风帽的磨损情况，发现磨损部位做好记录。全面检查风帽有无脱落情况存在。

（8）对局部磨损严重的风帽进行更换。

（9）对风帽四周出风孔进行检查，磨损严重的应更换。检查所有风帽有无松动现象，存在松动者应进行固定。

（10）人工将炉膛布风板上剩余的床料全部清理干净。

（11）用压缩空气逐根疏通布风板风帽，并统计布风板风帽的堵塞情况。

（12）对用上述方法不能疏通的布风板风帽，用榔头敲打风帽的弯头部分让其内部的堵塞物松动，然后再用压缩空气将其疏通。

（13）对严重变形的风帽，将该处小方块的耐火材料打掉，更换整根风帽或更换风帽的喷口部分。

（14）风帽更换：将风帽拆下，更换新风帽，拧满丝，下部用不锈钢块点焊固定。注意风帽标高、角度应符合设计要求。

3. 布风板检修质量标准

（1）整个布风板的耐火材料应完好、平整。

（2）堵塞的布风板风帽已疏通，风帽在整个布风板上分布应均匀。

（3）布风板风管间距偏差应≤2mm。

（4）布风板倾斜角度偏差应≤30°；风帽高度偏差应≤2mm。

（5）风帽开孔偏差≤2mm。

（6）风帽管排垂直度偏差应≤1/1000（长度），且≤15mm。

（7）风帽均应固定牢固，出风口角度符合设计要求，止动钢板均应点焊牢固。

（8）风帽变形严重者均应进行更换，风帽壁厚磨损超过50%者均应进行更换。

（9）风帽四周出风孔孔径超过设计数值20%者均应进行更换。

九、各种炉门检修

1. 各种炉门检修项目

（1）检查修理各炉门结合面。

（2）检查修理各炉门耐火材料。

2. 各种炉门检修工艺

（1）准备好检修所用材料。

（2）检查门框与门盖结合面是否严密平整，否则应予以修整。

（3）检查门框凹槽内的石棉填料应完整，否则应予以更换。

（4）检查手柄、门卡、各螺栓等应完好，各种炉门开关灵活。

（5）各种炉门上敷设的耐火材料应完好。

（6）新换炉门在装配之前应预先加好石棉填料、各耐火材料。

（7）启动一次风机时保持炉膛200Pa正压，检查各种炉门漏风情况，发现漏风处应处理。

3. 各种炉门检修质量标准

（1）所有的人孔门、检修门等关闭严密、开关灵活。

（2）门盖向火面上应按原设计敷设足够厚度的绝热材料。

（3）人孔门应动作灵活，关闭时应严密不漏烟、不漏风。

（4）人孔门盖的质量（包括绝热材料的质量）不得超过设计质量±0.5kg。

（5）人孔门外的门框箱内清洁、无异物。

（6）锅炉本体（如水冷壁及其钢性梁、燃烧器等）在锅炉点火、带压后按设计要求将向下膨胀，各穿墙受热面管不允许将上述膨胀部件、结构、零件与静止的钢结构、钢筋混凝土结构等进行焊接或钢性连接；动、静部分之间按设计膨胀值留有足够的间隙，不允许设置影响设备和管道正常膨胀的障碍物。

4. 各种炉门检修注意事项

（1）更换炉门时应小心，以防砸伤。

（2）检修位置较高的炉门应搭设可靠的脚手架。

十、耐磨耐火材料施工工艺

1. 施工技术要求

（1）根据上次锅炉耐磨耐火材料的检修情况，结合本次锅炉运行时间的长短，在锅炉停炉前，准备好一定数量的耐磨耐火材料、耐火保温料及固定耐火材料用的圆柱型、V型、Y型不锈钢抓钉。在锅炉停炉后，对耐磨耐火层进行全面的检查，对磨损厚度超过10mm的耐磨耐火材料及裂纹、脱落比较严重的耐磨耐火材料均需进行重新浇注或修补。

（2）浇注用水必须是生活洁净用水，并且要求pH≥6.5，含氯根离子≤50ppm。严禁使用咸水或带有悬浮物的其他用水。严格控制水的配比是确保浇注料理化指标的关键。

（3）搅拌用水原则上要求不低于10℃，环境温度原则上不低于5℃且不大于35℃，否则应采取相关措施。

（4）所有浇注部位必须清理干净。

（5）搅拌后的耐火材料存放时间不超过40min，保温浇注料不超过50min，耐磨可塑料不超过60min。

2. 重新浇注耐磨耐火材料的具体方法

（1）将检查时画好标记，决定重新浇注的耐磨耐火材料全部打掉，并将需要重新浇注耐磨耐火材料处清理干净。

（2）在需要重新浇注耐磨耐火材料的地方焊接好数量足够的Y型不锈钢抓钉，一般为每平方米8~10个。

（3）在焊接好的Y型不锈钢抓钉上均匀地涂上一层沥青漆。

3. 小面积修补方法

（1）耐磨耐火材料壁面一般用耐磨耐火可塑料修补，修补时应按照耐磨耐火可塑料的施工规范进行施工。对于修补面积小于130cm^{2}的可见孔，应先扩孔，孔应里大外小，保证孔以5%的斜度倾斜。对于有抓钉的耐磨区域，应把原来的耐磨废料剔除干净，露出抓钉，然后采用耐磨耐火可塑料捣实。对于修补面积大于20cm^{2}的可见孔，根据具体情况添加适量抓钉，再修补面积大的部位，可支模板，采用耐磨耐火浇注料施工。修补宽度大于9.5mm的可见缝隙时，先沿缝中心线打出一个长25~50mm的狭条，再进行修补。小面积的修补用耐磨耐火可塑料修补可不进行热养护直接投入使用，大面积的修补用耐磨耐火浇注料修补需按规定进行热养护。

（2）现场准备好搅拌设施、塑料桶、量具及振动棒。根据搅拌的容量和施工进度，每次搅拌好的耐磨耐火材料从加水开始40min内必须浇注完成，否则必须倒掉。

（3）采用振动浇注方法，在浇注前需要重新浇注耐磨耐火材料的地方浇上一些水，以便新旧耐磨耐火材料能够更好地结合。

（4）浇注时，先打开振动棒，边加料边振动，直到加料完毕，再振动1~3min，以表面返浆、无大量气泡冒出为宜。插入料中的振动棒在振动完成后必须缓慢地抽出，抽出的速度一般不超过25mm/s。振动时间不能过长，否则新浇注的耐磨耐火材料会发生偏析，影响耐磨耐火材料的强度。

（5）浇注完毕24h后可以拆去木模，此时要注意检查重新浇注的耐磨耐火材料表面是否平整、致密，如果不平整、不致密，则应进行修整或打掉后再重新浇注，必须保证新浇注的耐磨耐火材料表面平整、致密。

4. 耐磨耐火材料检修质量标准

（1）耐磨耐火材料磨损厚度不应超过10mm。

（2）耐磨耐火材料的裂纹宽度不应超过5mm，深度不应穿透耐磨耐火材料层的厚度。

（3）耐磨耐火材料层应平整、致密。

十一、耐压称重给煤机检修

1. 检修前的准备工作

（1）了解设备运行情况，记录设备缺陷。做好修前原始记录，如轴承的振动、温度、油位、电动机电流，是否漏油及有无异声等。

(2) 准备好检修用的扳手、榔头、錾子、拉马、千斤顶、铅丝、量具、起吊及安全用具等。准备好备品配件及必要的材料。

(3) 清扫整理现场，检查检修照明设施。

(4) 办好检修手续及工作票，做好安全措施。

2. 观察窗、壳体的检修

检查观察窗、壳体及其焊缝，处理开裂部位。

3. 张紧辊筒及轴承的检修

(1) 检查张紧辊筒，发现弯曲、表面有裂纹等缺陷时应更换。

(2) 检查轴承。

1) 检查轴承盖，发现有裂纹时应更换。

2) 测量轴承间隙，若不符合标准，应更换。

4. 驱动辊筒及轴承的检修

(1) 检查驱动辊筒，发现弯曲、表面有裂纹等缺陷时应更换。

(2) 检查轴承。

1) 检查轴承盖，发现有裂纹时应更换。

2) 测量轴承间隙，若不符合标准，应更换。

5. 清扫刮板及轴承的检修

(1) 检查清扫刮板，若发现变形严重，应更换。

(2) 检查轴承。

1) 检查轴承盖，发现有裂纹时应更换。

2) 测量轴承间隙，若不符合标准，应更换。

6. 给料皮带的检修

(1) 检查皮带胶面，若有硬化、龟裂等现象应更换。

(2) 检查皮带边磨损情况。

(3) 更换皮带工序。

1) 打开称重给煤机前后及左右侧人孔门。

2) 拆卸减速机。

3) 抽出主动辊筒。

4) 抽出被动辊筒。

5) 取出损坏的托辊，并做好记号，进行更换。

6) 拉出皮带。

7. 减速机的检修

(1) 减速机箱体内润滑油作化验处理，若不符合标准，应更换。

(2) 检查减速机，若发现有渗油、漏油等缺陷，应更换骨架密封。

8. 托辊的检修

(1) 松开固定托辊的螺栓，抽出托辊，并检查。

（2）检查托辊，应旋转灵活。

（3）检查托辊，发现有弯曲变形应更换。

9. 耐压称重给煤机的检修质量标准

（1）观察窗应完好、清晰。给煤机外壳应完整、无裂纹、严密不漏。

（2）皮带拉紧装置应灵活好用，若有卡涩或损坏现象，应拆下处理。

（3）前后辊筒不应有弯曲、裂纹等现象，轴承不应有裂纹、锈蚀现象，安装位置应正确无误。

（4）全部托辊不应有弯曲、裂纹等现象，轴承不应有裂纹、锈蚀现象，安装位置应正确无误。支架无变形、裂纹等现象。

（5）托辊要平直安装到位，轴承灵活好用，密封要好，并能加进油。

（6）皮带边磨损超过 20mm，皮带面磨损超过 1/3，或开裂、跑偏不能调整时，应更换；胶面无硬化、龟裂等变质现象。

（7）皮带的铺设与胶接。

1）皮带胶接后拉紧装置有不少于 3/4 的拉紧行程。

2）覆盖胶较厚的一面为工作面。

3）胶接口的工作面应顺着皮带的前进方向，两个接头间皮带长度应大于主动辊直径的 6 倍。

4）皮带的胶接头胶接试验扯断力不应低于原皮带总扯断力的 80%。

5）加工胶接头时不得切伤或损坏帆布层，必须仔细清理剥离后的阶梯表面，不得有灰尘、油迹和橡胶粉末等。

6）胶接头合口时必须对正，胶接头处厚度应均匀，无气孔、凸起和裂纹。

（8）热胶法硫化持续时间为 18~20min，硫化温度为 143℃（皮带为 4 层）：

1）温升不宜过快。

2）硫化温度达到 120℃时，要紧一次螺栓，保持 0.9MPa 的夹紧力。

3）硫化完后，当温度降到 79℃以下时可拆卸硫化器。

（9）胶接头表面接缝处应覆盖一层涂胶的细帆布。

（10）清扫链链条应完好，松紧适度，尼龙刮板磨损不允许超过 39%，销钉要拆卸灵活，运行无卡涩。

（11）壳体应无裂纹、漏油等现象，否则应整体更换。

（12）轴承不允许有裂纹、剥皮、砂架损坏等现象，否则应予以更换。

（13）皮带运行时无跑偏、中间起鼓现象。各部轴承运转平稳，无杂音。减速机无异常声音，温度正常，振动不大于 0.08mm，不漏油。电动机电流平稳，且在额定电流范围内。

（14）试运转验收质量标准。

1）记录齐全、准确。

2）现场整齐，设备干净，无杂物、油污，油漆完好。

3）各种指示标志清晰、准确、完善。

4）不漏风、漏煤。

5）入口电动门开关灵活、准确。

6）试转中电流正常平稳，无异常声响。

第六节 循环流化床锅炉维护

随着循环流化床锅炉的广泛应用，部分循环流化床锅炉在设计、安装、运行中逐渐出现一些故障，因此做好循环流化床锅炉的维护工作十分重要。

一、设备完好的标准

（1）设备零部件齐全，各系统正常，质量符合要求。

1）汽包、本体零部件完整齐全，质量符合技术标准的要求。

2）各部配合、安装间隙均符合要求，热膨胀、受压等均未超出规定。

3）仪器仪表、信号联锁和各种安全装置、自动调节装置定期校验，保持完整齐全、灵敏准确。

4）管线、管件、阀门、支吊架安装合理、牢固完整、标识分明、符合技术要求。

5）防腐油漆完整无损坏、标识分明、符合技术要求。

6）照明、消防、通信、给水系统正常。

（2）设备运转正常，性能良好，达到铭牌出力或核定能力。

1）设备运转平稳，无松动、杂音及不正常振动等现象。

2）各部位温度、压力、流量等运行参数符合规范要求。

3）生产能力达到铭牌出力或核定能力。

（3）现场环境。

1）设备及环境整洁，无跑冒滴漏。

2）场地平整、道路通畅。

（4）技术资料齐全、准确。

1）设备技术档案应及时填写，档案内容应包括产品合格证、质量证明书、使用说明书及设备技术性能、运行统计、检修记录、评级记录、缺陷记录、事故记录、润滑记录、检测和检验记录等，新设备应有安装及调试记录。

2）设备操作规程、检修规程及相应的安全技术规程齐全。

3）设备总图及易损件图纸目录齐全。

4）设备检修工时定额、设备备品备件消耗及储备定额齐全。

二、设备维护

（1）日常维护。

1）保持炉体整洁，设备完好，严格按操作规程启动、运转与停车，并做好记录。

2）保持锅炉上、下通道畅通，平台和楼梯无杂物。

3）各辅机运转正常，无杂音、振动。

（2）定期检查。定期检查要求见表3-5。

表3-5　定期检查要求

检查项目	检查内容	检查指标	检查周期
汽包	腐蚀情况	根据化学监督规程分析	半年
安全阀	校验	制造厂标准	一年
水冷壁	测量壁厚	DL 5190.2	半年
过热器	测量壁厚	DL 5190.2	半年
再热器	测量壁厚	DL 5190.2	半年
省煤器	测量壁厚	DL 5190.2	半年
返料装置	检查浇注料和小风帽	DL 5190.2	半年
烟风道	人孔、保温、密封	DL 5190.2	每天
风帽	磨损和损坏情况	DL 5190.2	半年
引风机	振动、油位、冷却水、地脚螺丝	制造厂标准	1h
返料风机	振动、油位、冷却水、地脚螺丝	制造厂标准	1h
一次风机	振动、油位、冷却水、地脚螺丝	制造厂标准	1h
二次风机	振动、油位、冷却水、地脚螺丝	制造厂标准	1h
炉内浇注和保温	厚度、裂痕、磨损情况	相关图纸	半年（停机组时）
压力管道	焊缝无损检测，测厚	按压力管道安全管理的要求	一年
整炉系统	规定记录、操作运行数据	操作规定指标	1h

（3）润滑。按设备润滑表的要求（见表3-6），做好润滑油的添加或更换工作

表3-6　设备润滑表

润滑部位	加油方式	油品牌号	加油量	换油周期
引风机轴承	人工加油	46号润滑机油	加至油位线	根据油品分析结果 大修时全部或局部更换
返料风机轴承				
一次风机轴承				
二次风机轴承				

（4）锅炉常见故障及处理方法见表3-7。

表3-7　锅炉常见故障及处理方法

故障现象	故障原因	处理方法
过热器、再热器、省煤器等损坏	变形	整形或更换
	破损	
	焊口缺陷	
	过热	
安全阀损坏	漏汽	更换阀座或者阀芯

续表

故障现象	故障原因	处理方法
安全阀损坏	达到开启压力不开启	吹洗安全阀
	没到开启压力自动开启	更换弹簧
	回座迟缓	清扫杂物
锅炉锅壳损坏	内、外壳腐蚀	进行补焊或部分更换
	人孔门关不严	焊补、打磨
炉墙烧坏	墙砖损坏	修补

（5）疏通排渣管和选择室，改进冷渣器的效果。在排渣管和选择室的检修和维护阶段，工作人员应及时疏通排渣管和选择室，防止出现排渣管和选择室堵塞的情况。

1）在锅炉点火的开始阶段要进行扫风处理，将排渣管内的沉积灰尘清除干净，同时给选择室营造一个良好的流化环境。在检修和维护过程中，工作人员要针对排渣管和选择室的燃料进口和出口定期进行全面的检查，对已经沉积焦块的部分，要及时安排人员进行清除。

2）工作人员要加强对排渣管和选择室工作状况的了解，并合理设置相关的参数，如设置合理的流化风配比，这样能够维持锅炉在排渣管和选择室内的燃烧工作形成一个动态平衡，避免出现大量的结块沉积现象。

3）积极加强冷渣器的改良维护工作，比如说，河南的新乡电厂就运用了滚筒式的锅炉冷渣器，通过变频处理来改变冷渣器的滚筒转速，进而满足锅炉的排渣需求。

（6）加强燃料的管理和控制，解决给煤系统故障。在维护过程中，工作人员应及时做好煤料的干化工作，防止在燃烧过程中煤料因为水分过多而形成黏结块，从而堵塞给煤线和煤仓。同时要及时清除煤料中不易分解破碎的杂质，避免杂质进入煤机后，造成煤机出现跳闸、堵煤或钳子断的情况，影响煤机的正常工作，对相关设备造成损害。在检修过程中，工作人员应依据煤料的物理性质和现场的实际情况选择和更换更加完善的给煤线，从而保障煤料输送工作更加高效地运行。工作人员在面对给煤系统故障时，要分析造成故障的原因，及时进行相关部件的参数运行数据统计工作，进而查明出现问题的环节，进行针对性的检修工作。为了解决给煤系统故障，工作人员应加强检修和维护工作，保障煤料的正常管控程序。

（7）完善J型返料阀的工作情况，保障锅炉的高效运行。当循环流化锅炉的J型返料阀出现故障时，工作人员应及时进行检修维护工作，保障锅炉的高效运行。当发现旋风分离器的回料情况不正常时，工作人要及时对其进行风量的调整工作，在特定情况下可以考虑降低锅炉的工作负荷。当检修过程中发现烟道内的灰尘沉积严重时，要及时进行通风处理，保障J型返料阀的正常通风。此外，工作人员要结合以往的锅炉运行经验，检查出J型返料阀中老化和损害的部件，并及时进行维护和更换，以保障在燃烧时，能够及时调整锅炉运行的具体参数，从而建立一个正常的J型返料阀工作动态平衡，保证锅炉的高效运行。与此同时，工作人员还应及时做好J型返料阀部件的灰尘清理工作，防止在工作中出现J型返料阀静压波动的情况。

第四章 循环流化床锅炉运行

第一节 循环流化床锅炉冷态特性试验

循环流化床锅炉在安装完成后，应对燃烧系统进行冷态试验。其目的是：

（1）考察各鼓风机的风量和风压是否与铭牌相符，能否满足燃烧所需要的风量和风压。

（2）测定布风板阻力和料层阻力。

（3）检查床内各处流化质量，冷态流化时如有死区，应予以消除。

（4）测定料层厚度、送风量与阻力特性曲线，确定冷态临界流化风量，用以估算热态运行时最低风量，为运行提供参数和参考曲线。

（5）检查物流循环系统的性能和可靠性。

一、冷态试验前的准备工作

冷态试验前必须做好充分的准备工作，以保证试验顺利进行。

1. 锅炉部分的检查与准备

将流化床、返料系统和风室内清理干净，不应有安装、检修后的遗留物；布风板上的风帽间无杂物，风帽小孔通畅，安装牢固，高低一致；返料口、给玉米芯口、给煤（砂）口完好无损，放渣管通畅，返料阀内清洁；水冷壁挂砖完好，防磨材料无脱落现象，绝热和保温填料平整、光洁；人孔门关闭，各风道门处于所要求的状态。

2. 仪表部分的检查与准备

试验前，对与试验及运行有关的各机械零点进行调整且保证指示正确。准备好与试验及运行有关的电流表、电压表、压力表、1500Pa U 型压力计、乳胶管。在一、二次风机和引风机进出口处进行温度和压力测点以及仪表的安装。布风板阻力和料层阻力的差压计、风室静压表等准备齐全，并确定性能完好、安装正确。测定好风机频率百分数与风机转速的对应关系。

3. 炉床底料和循环细灰的准备

炉床底料一般可用燃煤的冷渣料或溢流灰渣。床料粒度与正常运行时的粒度大致相同。选用的底料粒度为 0~6mm，有时也可选用粒度为 0~3mm 的河沙。如果试验用炉床底料也作锅炉启动时的床料，则可加入一定量的易燃烟煤细末，其中煤的掺加量一般为床料总量的 5%~15%，使底料的热值控制在一定范围内。床底料的准备量为 $3\sim5m^3$。

在做物料循环系统输送性能试验时，还要准备好粒度为 0~1mm 的细灰 $3\sim5m^3$。

4. 试验材料的准备

准备好试验用的各种表格、纸张、笔、称重计、编织袋。

5. 锅炉辅机的检查

检查机械内部与连接系统等清洁、完好；地脚螺栓和连接螺栓不得有松动现象；轴承冷却器的冷却水量充足、回路管畅通；润滑系统完好。

6. 阀门及挡板的检查

检查阀门及挡板开、关方向及在介质流动时的方向；检查其位置、可操作性及灵活性。

7. 炉墙严密性的检查

检查炉膛、烟道及人孔、测试孔、进出管路各部位的炉墙完好，确保严密不漏风。

8. 锅炉辅机部分的试运转

锅炉辅机应进行分部试运，试运工作应按规定的试运措施进行。分部试运中应注意各辅机的出力情况，如给煤量、风量、风压等是否能达到额定参数，检查机械各部位的温度、振动情况，电流指示不得超过规定值，并注意做好记录。

二、风机性能的测定

启动风机前，各风机进口风门全关，出口风道上的风门全开。分别启动一次风机、二次风机及引风机。观察风机的运行情况，如运转情况良好，将各风机均调整在铭牌额定转速状态下，逐步打开各风机进口处的调节门，按每1/7开度分别记录风机电压、电流和各风机进出口处的风压、风温。应特别注意，各风机电流不得超过各铭牌下的额定电流。

三、布风均匀性检查

在布风板上铺300~400mm厚的料层，一次风机风道上和引风机风道上的风门全开，依次开启引风机、一次风机，然后逐渐加大一次风机和引风机的频率百分数。待大部分床料开始流化后，观察是否有流化死角。待床料充分流化起来后，维持流化1~2min，再迅速关闭一次风机、引风机、同时关闭风室风门，观察料层情况。若床内料层表面平整，说明布风基本均匀。若料层表面高低不平，高处表明风量小，低处说明风量大，应停止试验，检查原因并及时消除。

四、流化床锅炉空气动力特性试验

流化床锅炉空气动力特性试验包括布风板阻力和料层阻力测定，并确定临界流化风量（或风速），进而确定热态运行时的最小风量（或风速）。

1. 布风板阻力特性试验

测定布风板阻力时，布风板上应无任何床料，一次风风道和引风机通道的挡板全部开放，包括一次风机和引风机进口处的挡板。所有炉门、检查门全部关闭。依次启动引风机、一次风机，并逐渐加大风机频率，平滑地改变送风量，同时调整引风机，使二次风风口处（或炉膛下部测点处）负压保持为零。一次风机电动机频率从0%~100%，再从100%~0%，每增加（或减小）5%频率百分数记录一次数据。每次读数时，要把一次风机的频率百分数、电流、电压和风室静压的对应数据都记录下来。

布风板的阻力 Δp 可由下式计算：

$$\Delta p=\xi\rho u^2/2 \tag{4-1}$$

式中　ξ——风帽阻力系数；

ρ——气体密度，kg/m^3；

u——小孔风速，m/s。

2. *料层阻力特性试验*

当布风板阻力特性试验完成后，在布风板上分别铺上300、400、500、600mm厚的床料作床层。床料铺好后，将表面整平，用标尺量出其准确厚度，然后关好炉门，开始试验。

测定料层阻力和测定布风板阻力的方法相同，调整一次风机、引风机频率使二次风风口处负压为零，测定一次风机风门每增加5%开度时的风室静压。将一次风机的频率百分数、电流、电压和风室静压的对应数据都记录下来。以后逐渐改变床层厚度，重复测定一次风机风门每增加5%开度时的风室静压，并记录一次风机的频率、电流和风室静压。

料层阻力=风室静压-布风板阻力（相同风量之下）

大量的统计数据表明，流化床层的阻力同单位面积布风板上床层物料的质量与流体浮力之差大致相等，即

$$\Delta p = gG/F_b = F_b g h_f(\rho_p - \rho_f)(1-\varepsilon)/F_b = g h_f(\rho_p - \rho_f)(1-\varepsilon) \tag{4-2}$$

式中　Δp——流化床层的阻力，Pa；

g——重力加速度，m/s^2；

G——流化床层中物料的质量，kg；

F_b——流化床层面积，m^2；

h_f——流化床层高度，m；

ρ_p、ρ_f——物料真实密度与空气密度，kg/m^3；

ε——流化床层平均空隙率。

因为 $\rho_p \gg \rho_f$，在计算时可忽略 ρ_f 的影响，故 $\Delta p=h_f\rho_p(1-\varepsilon)$。通过试验进一步简化，采用未流化前固定床物料的堆集密度表示为

$$\Delta P = A h_g \rho_d g \tag{4-3}$$

式中　A——由煤种决定的比例系数，见表4-1；

h_g——静止料层高度，m；

ρ_d——料层堆集密度，kg/m^3。

表4-1　　各煤种的 *A* 值

煤种	石煤	煤矸石	无烟煤	烟煤	烟煤矸石	造气炉渣	油页岩	褐煤
A	0.76~0.82	0.9~1.0	0.8	0.77	0.82	0.8	0.7	0.5~0.6

当静止料层厚度 h_g>0.3m 时，计算结果与试验数据接近。从式（4-3）看出料层阻力与静止料层厚度成正比例关系。为简化，可以根据表 4-2 通过料层阻力来估算料层厚度。

表 4-2　　料层阻力近似值

煤　　种	每 100mm 厚度的静止料层相应阻力（Pa）
褐煤物料	500～500
烟煤物料	700～750
无烟煤物料	850～900
煤矸石物料	1000～1100

3. 确定冷态临界流化风量

在测定料层阻力时，检查床料情况，床料由部分流化过渡到全部流化状态的风量为临界流化风量。点火及运行中在对应料层厚度下，运行风量不允许低于临界流化风量。

五、物料循环系统输送性能试验

试验前，全开立管正下方的松动风风门，关闭输送风风门。取下返料器上观察孔的视镜，试验用粒度为 0～1mm 的细灰由此加入。开启返料用萝茨风机，缓慢打开输送风风门，密切注视床内的下灰口。当观察到下灰口有少许细灰流出时，记录此时风机的电流以及输送风风门的开度、风室静压。然后继续按 5%递增输送风风门开度，并在每一开度下保持 1min，用袋取出此 20s 内流下的细灰并称重。记录相应开度下风机的电压、电流，输送风风门的开度、风室静压以及一分钟流下的细灰质量。试验中应注意连续加入细灰以维持立管中料柱的高度，并保持试验前后料柱高度一致。

六、给料装置（包括给砂、给煤等装置）输送性能试验

试验前，应检查给料装置各部件连接是否可靠，主轴、轴承是否有损伤，转动部分是否灵活，电动机转动方向是否正确，并使润滑部润滑油注满。给料通道内无安装遗留工具和杂物，通道通畅，通道上所有挡板门全开。

所有检查完毕后，才能进行试验。

试验时，按额定转速的 5%递增电动机转速，并取此转速下 1min 的输送量进行称重，记录电动机转速和 1min 所输送的物料质量。

第二节　循环流化床锅炉启动前准备

循环流化床锅炉点火前必须对其外部进行全面的检查，以保证设备、人身安全。

一、锅炉本体及辅机

（1）锅炉本体、辅机等安装完毕，分部试运结束，具备启动条件。

（2）锅炉防腐保温工作结束，质量合格。

（3）煤仓有足够的存煤，螺旋给煤机无堵塞现象，皮带或者链条松紧合适，地脚螺栓牢固。

（4）风帽安装正确，风帽孔无堵塞。

（5）看火孔、打焦门、人孔门完整无缺，能灵活操作，检查后应完全关闭，燃烧室微正压部分的孔门应严密关闭。

（6）烟风道及除尘器内无积灰和杂物。

（7）燃油系统及系统中的管道、阀门无漏油现象，油枪喷嘴雾化质量良好，热烟气发生器完好无损，储油罐油量足够。

（8）风室无杂物，排渣管清洁畅通、开闭灵活。

（9）冷渣器运转正常，冷却循环水正常循环。

（10）送引风机、二次风机空载转动，轴承润滑油位正常，冷却水畅通，安全罩牢固，地脚螺栓不松动，电动机接地良好，引风机挡板在关闭位置。

（11）灰仓存储量要足够。

（12）汽包内部装置安装完毕，质量合格。

（13）锅炉本体各管道的支架完整，吊杆与弹簧无断裂，各处补偿器应正常，炉墙外敷护板和保温完整，露天布置的蒸汽管道铁皮罩齐全、牢固，阀门管道保温良好。

（14）炉内外及周围无垃圾杂物，所有坑、井、孔、洞和沟道的盖板应完整，照明充足。

（15）各部膨胀指示器完整、无卡涩、刻度清晰，并指示在冷态标准位置。

（16）吹灰器无损坏变形现象，设备齐全，传动装置灵活，保护罩完整。

（17）安全门、向空排汽门、防爆门、疏水门及各附件应完整、良好，就地压力表齐全，排汽管连接牢固，疏水畅通。

（18）各风门、挡板应与管道连接良好，连杆不弯曲，开度指示正确，开关灵活，各风压、风温测点应完整。

（19）所有汽水阀门应完整，手轮齐全，阀杆无弯曲、生锈现象，轧兰盘根应有压紧余地，开关灵活，方向开度指示应与实际相符。

（20）双色水位计指示正确，照明良好、清晰。

（21）水冷壁、过热器、再热器、空气预热器、省煤器等各受热面管无积灰，保持受热面清洁，且各受热面管外形无突出的部位，以防加重磨损。

（22）燃烧室下部布风板上无杂物，风帽出口入口应通畅不堵，风帽内无杂物，床面耐火材料及炉膛四周防磨浇注料完整，无脱落、裂纹等情况。

（23）靠背轮连接良好，保护罩牢固，传动链条、皮带完整可靠，地脚螺栓牢固，电动机接地线良好；事故按钮完整。

（24）风机轴承温度计完整；各润滑油站运行正常。

（25）各液力耦合器油位、油温、油压正常。

（26）为防止机械轧煞，在启动前应进行盘车试转两圈。

（27）辅机和电动机外壳应有明显的旋转方向标志。

二、锅炉热控操作盘

（1）仪表盘清洁。所有操作开关安装完毕，启停电源指示灯泡、灯罩安全，灯罩颜色正确。

（2）所有热工控制仪表、电气仪表安装完毕，指示正确，校验合格。

（3）警报响声试验洪亮。

（4）远方控制装置部件完善，检查后送电做全开、全关操作试验，行程灵活，指示与动作正确一致，均达到全开、全关位置，试验时应有锅炉运行负责人监督。

（5）自动记录仪表的纸墨应装好。

（6）名称标识齐全，字迹清楚。

（7）热工仪表阀门元件齐全。

（8）操作室内照明和事故照明良好。

三、锅炉上水（以某410t/h循环流化床锅炉为例）

（1）上水至点火水位（正常水位线下50mm）。若炉内有水，应化验水质是否合格，若炉水不合格，应放掉重新上水。

（2）锅炉上水必须是化验合格的除盐水，水温应低于90℃，进入汽包的给水温度与汽包金属温度差不超过40℃。

（3）锅炉上水至点火水位时间：冬季不少于4h，夏季不少于2h。进水温度和汽包金属温度接近时，可适当加快进水速度，当差值较大时，进水速度应缓慢，应严格控制汽包上、下壁温差小于50℃。

（4）用给水泵上水或底部上水至点火水位（−50mm）后停止上水，若水位下降，则表示放水门不严或承压部件泄漏，应查明原因并消除后再重新上水。

（5）底部上水法：

1）疏水泵底部上水。

a. 关闭定排总门，开启底部上水门、省煤器再循环门，开启定排单元门及各定排分门，关闭省煤器放水一、二次门。

b. 关闭疏水泵至除氧器进水门，开启疏水泵，用底部上水门控制上水速度。

c. 汽包水位为−50mm时，停疏水泵，关闭各定排单元门及各定排分门，关闭底部上水门，开启定排总门。

2）凝结水底部上水。

a. 关闭定排总门，开启省煤器再循环门，开启定排单元门及各定排分门，关闭省煤器放水一、二次门。检查余汽冷却器进水、回水正常，关闭疏水泵至除氧器进水门，关闭炉底部上水总门，开启底部上水门。

b. 开启凝结水至底部上水总门，用底部上水门控制上水速度。

c. 汽包水位为−50mm时，关闭底部上水门，关闭各定排单元门及各定排分门，关闭凝结水至底部上水总门，开启定排总门。

（6）给水泵上水法。

1）启动给水泵，开给水管路疏水门，开给水旁路电动门，微开给水调整门，暖管。

2）给水管路充分疏水暖管后，关闭给水管路疏水门，用旁路调整门控制上水速度。

3）上水至汽包水位为-50mm时，停止给水泵，同时关闭旁路电动门、调节门，开启省煤器再循环门。

第三节　循环流化床锅炉启动

一、冷态启动

（1）顺控启动两台引风机，调整引风机入口挡板，保持燃烧室出口炉膛压力为-200~0Pa。

（2）启动两台高压流化风机，全关高压流化风母管泄压阀。

（3）联系邻炉开启二次风联通管电动门，微开床上启动燃烧器冷却风门、环形风箱二次风风门、给煤口密封风风门。

（4）启动一次风机，全开床下启动燃烧器的燃烧风、混合风挡板，全开播煤风挡板，关主热一次风门，调整一次风量大于临界流化风量129 520m^3/h，监视炉膛压力正常。

（5）启动风机后，投入电除尘一、二电场高压整流装置。四台冷渣器依次开启，就地观察冷渣器排渣口出渣后停运，保证冷渣器及其进渣管中满渣，防止漏风现象发生。

（6）所有吹扫条件满足后，CRT上“吹扫允许”指示灯亮，按下“吹扫”按钮，吹扫5min。

（7）吹扫完成后，微开上下二次风调整门，微开各给煤口密封风门、床上启动燃烧器冷却风门、播煤风风门，投入炉膛负压“自动”。

（8）将一次流化风量降至6万~7万m^3/h，使床料达到微流化状态。

（9）开启各燃油快速启闭阀，顺控投入A、D床下启动燃烧器，调整油压力，使启动燃烧器出力调整到300kg/h，启动燃烧器点燃后，迅速增大点火风的风量至4000m^3/h以上，并相应关小混合风挡板，使燃烧风风量与燃油量相匹配，燃烧良好。

（10）床下启动燃烧器投用期间，床下启动燃烧器风道风温应保持不大于900℃。

（11）点火升温过程中，控制所有烟气温度测点的温度变化率均不要超过100℃/h。汽包上下壁温差小于50℃，汽包金属壁温的变化率小于56℃/h，主蒸汽温升不超过2.5℃/min，再热蒸汽温升不超过3.5℃/min。

（12）根据升温、升压曲线要求，逐支投入B、C床下启动燃烧器。

（13）下层平均床温达到200℃时，启动抽气器机组抽真空。

1）检查射水池水位正常。

2）开启射水泵入口门和泵体放空气门，空气放净后关闭放空气门。

3）合上“启动”按钮，注意泵电流、振动、声音、出水压力正常。

4）开启射水抽气器空气门，将凝汽器抽真空。

5）开启备用泵入口门，充满水后，投入“自动”。

（14）投入循环水系统。

（15）投入凝结水系统，凝结水泵运行正常后，启动冷渣器冷却水泵。

（16）开启本体和各抽汽管道、主/再热蒸汽管道疏水阀门，开启Ⅰ、Ⅱ级旁路进汽电动门前疏水门。

（17）进行低压加热器及轴封加热器多级水封注水。

（18）投入给水除氧系统。

（19）调节燃油母管压力，提高 4 只床下启动燃烧器的出力，根据床下启动燃烧器风温逐渐将总一次风量增大。调节点火风、混合风风量，使燃烧风风量与燃油量相匹配，使油枪燃烧良好。

（20）根据水位情况启动给水泵，关闭省煤器再循环门，用给水旁路控制上水，保持汽包水位正常，不上水时开启省煤器再循环门。

（21）开启电动主汽门。

（22）开启汽缸夹层加热集箱疏水门、进汽手动门微开电动门，进行汽缸夹层加热集箱暖管。

（23）锅炉床温上升过程中，下床温单点超过 450℃时，及时开大一次流化风量至 9 万 m^3/h 以上。

（24）当床下启动燃烧器出力达到最大且下层平均床温不再上升时，可启动一台二次风机，投入床上启动燃烧器。

（25）顺控投入床上 A 或 D 启动燃烧器，调整油压力，使启动燃烧器出力为 500～1000kg/h，调整燃烧风风量为 7000～13 000m^3/h，燃烧良好。

（26）根据升温、升压曲线，顺控投入床上 D 或 A 启动燃烧器。

（27）缓慢增加床上启动燃烧器的出力，相应增加燃烧风风量，保持燃油量与燃烧风风量相匹配。

（28）根据床温变化情况，注意及时切换 A、B 两侧床上燃烧器，保持炉内温度分布均匀。

（29）汽包压力升至 0.1～0.2MPa 时，关闭蒸汽系统的所有空气门，冲洗校对水位计，关闭过热和再热系统各疏水门，准备投入Ⅰ、Ⅱ级旁路。

（30）真空升至 60kPa 以上，凝结水压力不低于 1.2MPa 时，投入Ⅰ、Ⅱ级旁路。

（31）汽包压力升至 0.3MPa 时，定期排污一次，记录膨胀值。

（32）汽包压力升至 0.5～1.0MPa 时，联系化学人员化验炉水、蒸汽品质，根据化学要求投入连排。

（33）床温大于 520℃，顺控启动一台二次风机，保持一次风量 10 万 m^3/h 以上，向炉膛投煤。投煤操作如下：

1）启动 B（或 C）给煤机，适当开大给煤口密封风、播煤风风量增至 5590m^3/h 以上，给煤以10%的给煤量（脉动）给煤，即给煤90s后（以给煤口下煤为准），停止给煤，约3min后观察床温的变化，如床温有所增加，同时氧量有所减小时，可证明煤已开始燃烧。再以“90s给煤，停90s”的脉冲形式给煤，床温持续增加4~6℃/min，氧量减少3%~4%，可以较小的给煤量连续给煤。

2）当炉膛下部床压低于3kPa时，增加给煤量时应少量、缓慢，及时投入石灰石系统以补充床料。待下部床压升至4kPa以上时，可增加给煤量。

3）依据升温、升压曲线，以较小的给煤量用同样方法依次对称投入其余给煤机。

（34）主蒸汽压力升至1.5~2.0MPa，主蒸汽温度达到260~300℃（机侧参数）以上，再热蒸汽温度与主蒸汽温度温差小于50℃时，联系化学人员化验蒸汽品质合格，检查锅炉各部位正常，汽轮机准备冲转。

二、机组的热态启动

机组抽真空后，锅炉点火升温、升压。

1. *锅炉温态启动*

（1）炉内尚有一定床温，但床温小于650℃，不能直接投煤情况下的锅炉启动按温态启动方式进行。

（2）温态启动前的检查、准备工作和冷态启动相同，但不必进行炉内检查、联锁试验。

（3）温态启动的锅炉吹扫操作与冷态启动相同。

（4）投入床上启动燃烧器。

（5）点火后汽包压力达到0.1~0.2MPa，各空气门、疏水门关闭，投入Ⅰ、Ⅱ级旁路，投旁路前应暖管15~20min。

（6）其他按冷态启动的方式操作。

2. *锅炉热态启动*

（1）热态启动前的检查、准备工作和冷态启动相同，但不必进行炉内检查、联锁试验。

（2）风机启动后，如果床温大于投煤温度650℃，可直接投煤，无需炉膛吹扫和投启动燃烧器，以给煤机最低转速投煤着火约30min后，锅炉即可带满负荷。

（3）风机启动后，如果床温低于投煤温度650℃，按温态启动。

第四节　循环流化床锅炉的运行操作

一、点火启动

1. *纯木炭点火启动*

准备充足的木柴，规格为长约400mm，宽约80mm。另外还需准备一部分木炭。

操作步骤：先用木柴在底料层上烧约100mm厚的炭火层，烧炭火层的时间控制在

4h 以上。如炭火层厚度不够，再加些准备好的木炭，将未烧透的木柴用钩子钩出，检查底料是否有结焦，发现焦块必须钩出，然后关闭炉门，启动引风机和一次风机，调节一次风门使风量为临界流化风量的 80%，保持炉膛负压为 80Pa 左右，当料层暗红（约 600℃）时，启动给煤机少量加煤（给煤机转速控制在 150~200r/min），在料层温度升至 800℃后，应根据温度变化趋势，提前调整一次风量，在温度波动不大时，慢慢调整给煤量和一次风量，使床温逐渐稳定在 900~950℃之间。点火过程中应注意，床温主要由一次风量来控制，调整风量一定要及时、准确，否则很容易造成超温结焦或将火吹熄。

2. 木炭主燃喷油助燃点火启动

喷油所用油枪一般布置在料层上方 200mm 左右处（离布风板约 500mm），根据床的长度向下倾斜 5~10°角，最好布置在宽度较窄的一面墙上，以减小火焰的死区。点火油枪应有足够的容量，喷出的火焰要有一定的刚度和射程。

操作步骤：开始的操作与纯木炭点火启动一样，只是炭火层可以稍微薄一点，约 70mm 厚。启动引风机和一次风机，先调整一次风量为冷态临界流化风量的 80%左右，在确认料层已微流化以后，启动油泵，投入油枪喷油助燃，床温达到 600℃后，启动给煤机少量地给煤，在床温升到 800℃后，应停止喷油，增加给煤量，调整一次风量，使床温稳定在 900~950℃之间，点火启动即告完成。

3. 炉膛喷油启动

这种方法启动是在流态化状态下进行的，流化风量越小，空气带走的热量就越少，消耗的油量也越少，所以底料粒度一般要求在 0~6mm 或 0~4mm。启动中用煤应选用高挥发分、低位热值大于 5000kcal/kg 的烟煤，油枪布置与前述一样。

操作步骤：启动引风机和一次风机，调节一次风量稍大于临界流化风量，启动油燃烧器，加热底料，待床温升到 250℃后，启动给煤机给煤，由于煤在料层中燃烧，煤层温度上升较快，当床温升到 700℃后，逐渐减少喷油量，在床温升到 800℃后，应停止喷油，用一次风量和给煤量控制床温。

4. 风道预燃室加热空气启动

这种方法是在风道上布置一燃烧室，燃气进入风道中与空气混合后进入风室，通过混合气对底料加热，这就要求风道、风室和布风板能耐约 700℃的高温，风道和风室可用耐热混凝土保护，布风板采用水冷结构。该方法可以根据炉墙允许温升加热底料，设计的喷油量应留有 20%左右的余量，由于采用的是流态化点火，底料的粒度应尽量小。

操作步骤：启动引风机和一次风机，启动油泵，点燃油燃烧器，喷油量调到能稳定燃烧的最小量，由风量来调整床的升温速度，这段时间床料可以不流化，采用固定床加热，以减少耗油量，按照锅炉预定的升温曲线，通过减小风量来调整，在床温升到 700℃左右后，加煤以前，逐渐加大一次风量和喷油量，使床温始终保持在 700℃附近，等底料流化较好后，启动给煤机少量加煤，喷油量和一次风量都保持不变，用加煤量来控制床温上升的速度，待床温升到 800℃后，逐渐过渡到关闭油枪，完全由煤维持燃烧。在启动过程中，由于控制的流化速度较低，给煤的粒度应在 8mm 以下，以烟煤为好。

5. 风道预燃室加热空气，炉膛喷油助燃启动

这种启动的特点是预燃室加热空气的最高温度为400℃，一般钢材都能承受这个温度，再在炉膛中喷油助燃把底料温度继续加热到60℃左右。这种方法对风道、风室和布风板无特殊要求，预燃室和炉膛的油枪布置与前述相同。

操作步骤：启动前工作完成后，启动引风机和一次风机，操作与风道预燃室加热空气启动相同，用预燃室把床料温度最高加热到400℃，投入炉膛油枪继续对底料加热，在床温升到600℃以后，启动给煤机给煤，用给煤量控制床温上升速度，在床温升到750℃后，逐渐减少炉膛油枪喷油量，达800℃后，炉膛油枪撤出，并开始减少预燃室喷油量，床温升到850℃后，停止喷油，由煤控制燃烧。

点火升温过程中应注意的事项：

（1）发现床温上升过快时，应加大一次风量，适当减少给煤量，必要时，可停止给煤。

（2）启动过程中，给煤机转速一般控制在150～200r/min，转速太高，升温速度不易控制。

（3）在升温过程中，尽量保持炉温均匀上升，使各部分炉墙均匀升温，温度不要大起大落，以免对耐火材料造成损坏，影响炉墙寿命。

二、操作运行

循环流化床锅炉的操作运行与其他型式锅炉的不同之处主要在于燃烧系统；由于有灰的循环，燃烧室温度是由一次风量、给煤量和循环灰量共同控制。

锅炉的返料系统投运，返料器可在点火时投运，也可在点火启动完后投入（建议：在启动完成后投入返料运行）。在投返料器时，应密切监视床温变化，以免造成熄火或结焦，具体操作为：在炉温升到950℃时，开启返料风门，监视炉温的变化，如炉温下降很快，应及时关闭返料风门，稍增加给煤量，重复前面的操作，直至返料器完全投入运行，如发现确实是循环灰量太大，可以放掉些。

在返料器投入正常运行后，应根据负荷要求和煤质情况调整燃烧工况，以保证锅炉安全、经济运行。

锅炉燃烧时，主要控制炉膛密相料层温度、料层差压、炉膛差压、返料温度和烟气含氧量等参数。

1. 密相层温度的控制

考虑到在煤种突然变化时，有足够的时间来调整，而不致使锅炉结焦或熄火，密相层温度一般控制在950℃左右。对有些煤种，为了使燃料燃烧完全，应尽可能提高床层温度，如无烟煤，密相层温度可控制在950～1050℃（根据燃料灰熔点不同来控制），炉温太低，很难维持稳定运行，一旦断煤，很容易造成灭火事故；燃用烟煤时，床温应控制在900～950℃；如燃用的是高硫煤，则需进行炉内脱硫，床温应控制在850～870℃，最多不能超过900℃，否则将降低石灰石利用率。

控制循环流化床密相层温度有三种办法：①调整一、二次风量；②调整给煤量；③控制循环灰量。

在床温控制中，烟气的含氧量是一个重要参数，床温变化时，应同时观察氧量的变化，才不至于误操作。下面就床温的变化来讨论不同的控制方法。

床温升高，一般是由下述几种情况引起：

（1）煤种改变，热值升高。锅炉烟气氧量指示降低，表明煤量过多，应减少给煤量来控制床温。

（2）粒度较大的煤集中给入炉内，造成密相层燃烧份额增加，引起炉膛上部空间燃烧份额增多，造成返料器超温结焦。

突然断煤也会出现炉温急剧下降，这属于事故处理。

2. 料层厚度的控制

循环流化床没有鼓泡床那样明显的流化料层界面，但仍有密相区和稀相区之分，料层厚度是指密相区内静止时料层厚度，一定的料层差压对应着一定的料层厚度。在运行中，炉料厚度必须控制在一定的范围内，若料层太薄，对锅炉稳定运行不利，炉料的保有量少，放出炉渣可燃物含量也高；若料层太厚，增加了料层阻力，虽然锅炉运行容易控制，炉渣可燃物含量低，但增加了风机电耗。所以为了经济运行，料层差压应控制在500mmH_2O，若运行中料层差压超过此值，可以通过放渣来调整，将会影响锅炉的稳定运行、出力和效率。表计指示的料层差压只是一个参考数据，实际料层差压应为表示值减去同风量下的布风板阻力值。

3. 炉膛（悬浮段）物料浓度的控制

循环流化床与鼓泡床最明显的区别在于其悬浮段物料浓度的不同，两者相差几十到几百倍。对某一循环流化床锅炉，出力的大小主要是由其悬浮段物料浓度所决定的，对同一种煤种，一定的物料浓度对应着一定的出力，对于不同的煤种，同样出力下，挥发分高的煤比挥发分低的煤物料浓度低。一定的物料浓度对应着一定的炉膛差压值，控制炉膛差压值，就可以控制锅炉的出力，若差压值太大，可通过放循环灰来调整，放循环灰的原则是小放、勤放。

4. 锅炉出力的调整

在负荷稳定时，参照本部分1~3条操作；增负荷时，应先少量增加一次风量和二次风量，再少量加煤，使炉膛差压逐渐增加，然后少量加风、加煤交错调节，直至达到所需的出力。增加负荷时，循环灰量是靠不断缓慢积累起来的，根据煤种的不同，增负荷率一般在2%~5%/min之间，如设计有外部储灰仓，增负荷率可以高出此范围。减负荷时，应先减少给煤量，再适当减少一次风量和二次风量，并慢慢放掉一部分循环灰，以降低炉膛差压，如此反复操作，直到所需的出力为止。降低负荷时，由于给煤量，一、二次风量可以很快减少，循环灰可以很快放掉，在紧急情况下，减负荷率可达到20%/min，但一般都控制在5%~10%/min。在减负荷时，为了保证良好的流化，一、二次风量一般不应小于最小流化风量，一次风量最小运行风量取冷态时临界流化风量。

5. 返料器的调整

返料器是锅炉的一个主要部件，返料器工作的可靠与否，直接影响锅炉的安全运行。首先应保证返料器有稳定的流化气源，在锅炉运行时，返料流化风量一般不做调整。其次，返料器内应有温度测点，用来监视返料器内的温度，在煤种变化时，返料温度也会变化，特别应注意，防止超温结焦。返料器运行温度一般控制在950℃以下，最高不宜超过970℃，如返料温度较高，应适当减小锅炉负荷，查明原因，等循环灰量增加后，再增负荷。

6. 压火操作

当循环流化床锅炉需要暂时停止运行时，可以进行压火操作。压火前，逐渐减少一、二次风量和给煤量，缓慢放循环灰，降低锅炉的负荷，直至停止二次风机运行。压火时，先加大给煤量约1min，然后停止给煤，炉温是先升后降，控制炉温缓慢地降到900℃左右时，立即停一次风机和引风机，迅速关闭各风门和返料风门，放掉循环细灰。如压火时间在5h以内，不必做任何处理，如压火在6h以上，为保证以后的顺利启动，在停风机30min后，打开炉门，根据压火时间的长短，在料层上铺设一层10～30mm厚的煤，然后关严炉门，压火时间最长可达到24h。压火后的再启动，若压火时间在2～3h以内，可直接启动给煤机小量给煤；若压火时间在2～5h之间，应先打开炉门，根据底料烧透的程度，加入一些引火烟煤，与底料掺混均匀，关上炉门后再启动，操作方法与前述相同。若压火时间在6h以上，启动前先打开炉门，观察炉内煤的燃烧程度，床料的可燃物含量太高，易造成超温结焦，应把表层可燃物含量高的底料扒出一些；若底料可燃物含量低，则应加入一些引火煤，操作方法与前述相同。

7. 停炉操作

停炉分为正常停炉和事故停炉两种。

（1）正常停炉。先降低锅炉出力，放循环灰，停二次风机，在循环灰放完后，停止给煤，调整一次风量，使床温缓慢降低。在床温降到800℃时，停引风机和一次风机，关严所有风门，打开放渣阀放渣，放完后关严放渣口，让锅炉缓慢降温。

（2）事故停炉。在锅炉或其他系统出现问题，需要紧急停炉时，应立即停止给煤，并放循环灰，在炉温降到900℃时，停二次风机，炉温降到800℃时，停一次风机和引风机，关严所有风门和返料风门，放出循环灰和床料后，关严放渣和放灰口。因辅机故障而需停炉时，可做压火处理。

注意事项：在停炉4～6h内，应紧闭炉门及烟道各孔门，以免冷空气进入炉内，对锅炉急剧冷却，损坏炉墙的耐火材料。

8. 过热蒸汽温度的调整

在循环流化床锅炉中，除了用减温器调节汽温外，燃烧调整对过热蒸汽温度也有很大影响；在同样的炉膛出口温度下，锅炉循环灰量大，则蒸发量亦大，汽温偏低，而循环量小，蒸发量亦小，汽温偏高。

在锅炉运行中，如减温水已增至最大，过热蒸汽温度仍然过高时，可通过下列调整来降低蒸汽温度：

（1）增加锅炉的循环灰量，减小给煤粒度。

（2）适当减小给煤量，降低锅炉的蒸发量。

（3）在氧量许可的情况下，可适当减少二次风量。

如减温水已完全关闭，过热蒸汽温度仍然偏低，可通过下列调整来提高蒸汽温度：

（1）放掉一部分循环灰，提高炉膛出口温度。

（2）适当增加二次风量。

9. 燃烧系统事故和故障处理

（1）流化室结焦。由于操作不当、给煤机超速或一次风量过小，造成床温过高，超过灰熔点，使床内物料结成块，锅炉不能运行。

1）现象。

a. 炉床温度指示超过灰熔点，或超过表针指示范围。

b. 从观察窗看到床层中有固定的上串火舌。

c. 结焦严重时，风室压力增高，一次风量减少，风道振动。

2）原因分析。

a. 一次风量低于最低流化风量。

b. 一次风量与给煤量配比不当，导致炉温升高，超过灰熔点而结焦。

c. 运行中因床温降低而大量给煤，使料层中的煤量过多，当料层温度回升时，未及时减少给煤量和增加一次风量，使料层温度过高而结焦。

d. 由于返料突然终止，没有及时增加一次风量和减少给煤量，造成超温结焦。

3）防治措施。当发现流化床不对称结焦后，应立即停给煤机，放出循环灰，停运所有的风机，打开炉门，趁热将焦块打碎扒出，绝不允许放任不管。

（2）返料器结焦。由于煤种变化或操作不当，造成返料器超温结焦，返料终止。

1）现象。返料器结焦后，炉膛差压消失，蒸发量和汽压急剧下降，流化室温度急剧上升。

2）原因分析。

a. 由于燃用无烟煤等低挥发分燃料，后燃严重，返料器内物料温度超过灰熔点而结焦。

b. 给煤机集中给入细煤末，使返料器内燃烧份额增加而超温结焦。

c. 在炉膛差压不高时，为了增加负荷而加大给煤量，造成返料温度升高而结焦。

3）防治措施。发现返料器结焦后，应立即加大一次风量，停给煤机，控制流化床温度，防止流化室超温结焦。床温稳定后，进行压火操作，然后打开返料器人孔门，放出循环灰，清理出焦块，重新启动。

（3）床温急剧下降。

1）现象。

a. 床温下降且下降速度很快，经增加给煤量仍不见上升。

b. 蒸汽流量下降、汽压下降。

c. 锅炉水位瞬间下降，而后上升。

2）原因分析。

a. 给煤机出现故障，使给煤量骤然减少。

b. 煤质变差，热值显著降低。

c. 煤仓架桥，造成断煤。

3）防治措施。

a. 在给煤机出现故障时，应立即加大另一台给煤机的给煤量，放掉一部分循环灰，控制炉温，尽快修复给煤机。

b. 若只有一台给煤机，应立即停循环返料风，放掉循环灰，做压火处理。

c. 若是煤质变差，应及时加大给煤量，放掉一些循环灰。

d. 若是断煤，应及时敲打煤仓，将给煤机转速调到最大，使煤尽快进入炉膛，如温度还控制不住，则应放掉一些循环灰，减少一次风量，在温度开始回升时，调回原参数。

第五节　循环流化床锅炉运行操作实例（以某 350MW 机组为例）

一、锅炉燃烧调整的原则

（1）提高锅炉燃烧的经济性、稳定性，防止锅炉结焦、堵灰、金属材料过热和腐蚀，掌握燃煤的特性，合理调整水煤比、风煤比，保证燃烧稳定。

（2）燃烧的风量、风压、风温、过量空气系数等应符合设计要求。正常运行时，应保持炉膛内燃烧稳定、流化稳定，床料中不出现明显偏斜、不出现明显焦块，锅炉炉膛总压差、上部压差和风箱压差在稳定范围内波动，各处床温平衡。

（3）锅炉主控制器及分控制器均投自动时，根据主蒸汽压力控制器及机组负荷控制器的指令，自动调整控制锅炉燃烧、给水及蒸汽温度，满足机组负荷的需要。

（4）锅炉主控制器投手动，各分控制器投自动时，值班员根据主蒸汽压力及机组负荷变化等情况，手动调整锅炉主控制器输出指令，满足机组负荷的需要。

（5）除锅炉启停和异常处理，锅炉总风量、给水流量、给煤主控制器均投入自动方式运行；尽量避免将风、煤或煤、水同时切为手动控制，根据情况及时调整燃烧工况，及时调整风煤比、水煤比，防止水煤比、风煤比严重失调。

（6）正常运行中，应将锅炉两侧氧量尽量控制在设定值（内给定）±1.0%范围内运行。

（7）正常运行中，应保证锅炉燃烧稳定、充分，炉膛流化和物料循环安全、稳定，床温、床压及炉内热负荷均匀，炉内无结焦，尽量降低受热面磨损和防止受热面超温。

（8）正常运行中，应根据入炉煤品质、粒度及底渣、飞灰可燃物含量及时进行相应调整，同时对锅炉 SO_2、NO_x 及烟气含尘量的排放量进行连续监视，通过调节石灰石供给率，将烟囱处 SO_2 排放量控制在允许范围内，保证燃烧的经济性。

（9）正常情况下，锅炉燃烧的调整应遵循“风煤联动”的原则，注意防止缺氧燃烧；加煤前先加风，减风前先减煤。

(10) 锅炉运行中，根据实际情况可将锅炉一次风量控制器、给煤主控制器、煤质修正控制器、氧量修正控制器等投手动方式控制。

(11) 手动加减负荷过程中，锅炉的燃烧调整应注意锅炉蓄热量及燃烧惯性的影响，控制好“提前量”；应尽量采取连续或“少量多次”的方式进行。

(12) 燃烧调整和加减负荷过程中，要防止机组负荷及锅炉床温、中间点温度、蒸汽压力、蒸汽温度出现大幅波动，防止各受热面超温。

(13) 异常和事故处理时，可通过快速调整一、二次风量，床温，煤量来适应需要，保证安全。

二、锅炉风量的调整

(1) 锅炉风量调整的原则。

1) 主要通过调整一次风保证炉内物料流化，即一次风应大于临界流化风量，保证炉内燃烧稳定。

2) 主要通过调整二次风保证炉内燃烧充分、热负荷均匀，保证炉内外物料循环正常。

3) 控制各风压、风量、温度及氧量满足设计要求。

4) 燃烧调节中应保证一次风、高压流化风风压、风量相对稳定，正常的负荷调节风量主要由二次风来完成。一、二次风的调整原则是：一次风调整流化、炉膛温度和料层差压，二次风控制总风量。在一次风满足流化、炉温和料层差压需要的前提下，当总风量不足时，可逐步增加二次风量，维持炉膛负压和氧量值在正常范围内。

5) 风量正常运行中为自动控制方式，异常时可手动调整以满足需要。

(2) 锅炉风量调整的方式。

1) 总风量自动控制根据负荷和锅炉主控输出指令，通过氧量修正控制，经风煤交叉限制和最小风量限制校正形成锅炉总风量输出指令。

2) 根据氧量控制器燃料指令和值班员对风量的修正，控制氧量输出，修正锅炉总风量。

3) 一次风量控制器接受机组负荷与锅炉总风量输出指令中的大者，并受最小流化风的限制，通过控制一次风机变频器，满足炉膛流化和燃烧需求。

4) 二次风量控制器接受锅炉总风量输出指令及值班员修正，同时控制同一层的四个二次风量调节挡板，满足锅炉燃烧风量需求。各二次风量调节挡板可分别调偏置。

5) 高压流化风入口调门投入自动，根据高压流化风母管压力设定进行调整，值班员可以手动进行设定。

6) 各运行一、二次风机，流化出口挡板全开，不参与调节。

(3) 锅炉风量调整的要求。

1) 机组正常情况下，锅炉风量应投入自动控制，当风量控制投手动控制时，注意与煤量的配合调整，防止出现风煤比严重失调。

2）正常运行中，二次风量调节挡板投自动运行，风机变频跟踪调整总二次风量。

3）正常情况下，应将一次风量投入自动控制，以减小燃烧调节的惯性。

4）根据需要，可将一次风量投手动控制调整锅炉一次风。

5）锅炉各二次风支管的风量分配，主要通过锅炉冷态试验来确定。

6）启停、异常或事故处理时，可将一次风流量及相应二次风量调节挡板切为手动控制，以保证锅炉的安全。

7）锅炉运行中，必须保证一次风流量不小于临界流化风量；保证各二次风管路不返灰、烧红。

三、锅炉燃料的调整

（1）锅炉燃料量调整的方式。

1）锅炉燃料控制根据不同方式下的锅炉主控制器输出指令中的大值，经燃料加速控制后形成燃料基础指令；燃料基础指令经水煤比修正和风水交叉限制后形成总燃料量输出指令。

2）给煤主控制根据总燃料输出指令与机组实际总燃料（包括燃油）的偏差，经增益补偿和运算得到给煤主控输出指令，通过同时控制各运行皮带给煤机的煤量，实现锅炉给煤调节。

（2）锅炉燃料量调整的要求。

1）正常运行中，称重给煤机投入自动运行，自动跟踪给煤主控制器输出指令。各称重给煤机可分别调偏置，以满足锅炉燃烧的需要。

2）异常情况下，可手动控制称重给煤机满足燃烧要求。

3）给煤主控无论手/自动，均受限于由锅炉总风量及给水量决定的最大允许燃料量。

4）正常情况下，禁止采用投停给煤线的方式调整燃料量。

5）异常、检修或事故时，可将给煤主控制切为手动，由值班员手动控制总的给煤量。也可将单台称重给煤机切为手动控制，以满足实际需要。此时应注意防止锅炉两侧热负荷偏差过大，防止水煤比、风煤比严重失调。

四、锅炉床温的控制

（1）正常运行中，炉膛床温以炉膛三个标高的床温测点指示为准，考虑负荷的变化及其他方面的要求，应将床层温度控制在850~920℃之间，相邻点偏差小于50℃，任意点偏差小于80℃；若床温超过该范围，必须及时进行调整。

（2）运行中，应及时根据减温水流量对炉膛燃烧进行调整，保证减温水流量适当。

（3）一、二次风量，入炉煤量、煤质、物料粒度及床压可作为床温调整的辅助手段。

（4）启停过程中（外循环未有效建立前），床温主要通过调整燃料量、风量及床压来保证。

（5）炉膛前后左右床温的偏差主要取决于给煤量，一、二次风量，物料循环的均匀性及流化工况；炉膛上下床温的偏差主要取决于物料粒度、物料循环的强弱、锅炉床压、炉膛的流化工况及一、二次风量。

（6）床温>1020℃ 前墙的左中右区域、后墙的左中右区域，6 个区域中任意 1 个区域床温超过 1020℃，加 5 秒延时（计算时，模拟量先判断为开关量再进行 3 取 2 逻辑运算）。

（7）增加床料量或石灰石量，以提高物料的循环量，可降低床温；增大排渣量，降低床压，减小物料量，将使床温升高。

（8）床料平均粒度过大，相对而言，能够参与锅炉内循环和外循环的“可用”物料减少，将会使锅炉在较高的床温下运行。增大排渣量，排除较大粒径的床料，通过加料系统加入合格的床料，或通过石灰石系统加入符合设计要求的石灰石以替换原来粒度不合格床料，使床温恢复正常。

（9）经常监视炉膛烟温、分离器出口烟温，对监控床温起预警作用。

1）炉膛中部、上部烟温和旋风分离器出口温度取决于锅炉负荷、床温、物料循环强弱、锅炉风量配比、旋风分离器的工况及给煤的均匀性。

2）床温上升、物料循环减弱、风量过大或过小、旋风分离器堵塞或故障、给煤严重不均衡均会导致旋风分离器出口温度上升或偏差增大；工况恶化时，可能导致旋风分离器及尾部受热面超温、磨损、积灰加剧、烟道再燃烧和蒸汽温度无法控制。

3）正常运行中，应将炉膛烟温、旋风分离器出口温度控制在 850～890℃，最高不超过 950℃；各点烟温偏差小于 50℃。

（10）正常运行中返料温度若出现异常升降，应及时检查该返料器流化情况，必要时可手动调整流化风门进行控制，防止返料器、立管堵塞或结焦。

五、炉膛压力的控制

（1）正常运行中，炉膛压力控制应投自动方式，通过控制两台引风机动叶开度维持左右侧炉膛出口压力在正常范围（±0. 5kPa）内运行。

（2）自动投入时，炉膛压力控制设定值给定为 0kPa，也可手动设定偏差来满足需要。

（3）根据两台引风机的运行情况，可手动设定偏置，调整均衡两台引风机的负荷。

（4）除启停初期及异常处理外，应尽量避免将引风机入口动叶控制切手动；在单台或两台引风机动叶控制器切手动控制时，应注意调整控制锅炉负压、两台引风机的负荷及偏差，尽量维持锅炉工况的稳定。

（5）单台引风机运行期间及两台运行的引风机中一台突然故障时，应及时将运行的引风机动叶控制切手动控制或限定该引风机动叶的输出开度，防止引风机过流跳闸。

（6）在两台运行引风机负荷偏差较大或锅炉异常工况下，应注意防止引风机进入不稳定运行区而产生“喘振”或“抢风”。

（7）在炉膛压力控制过程中引入总风量前馈，以减小锅炉风量调节时对炉膛压力的扰动。

六、锅炉床压的控制

（1）炉膛床压监视以炉膛左右侧平均总差压为准，炉膛床压反映了布风板阻力、炉内床料量及炉膛流化的变化情况。

（2）炉膛床压取决于锅炉负荷，物料循环流化的情况，一、二次风量，入炉煤、石灰石的品质及粒度情况等。

（3）床压的控制主要通过冷渣器排底渣实现。

（4）正常运行中，应将炉膛上部差压控制在0.4~1.5kPa。

（5）若炉膛上部差压过大，应加强中间点温度、水冷壁及屏式过热器管壁温度、炉膛流化、物料循环及主/再热蒸汽温度的监视，适当降低一、二次风量，降低锅炉床压，调整入炉煤及石灰石品质、粒度等，将其控制在正常范围内。

（6）若炉膛上部差压过小，应加强床温、旋风分离器出口温度、主/再热蒸汽温度等的监视，及时调整入炉煤及石灰石粒度，适当提高一、二次风量和床压等，将其控制在正常范围内。

（7）立管压力的控制。

1）正常运行中，返料器及立管实现物料进出的自平衡，应无物料的过多堆积，返料器各流化风流量稳定。

2）当返料器立管压力出现异常波动或持续升高时，应立即检查对应返料器流化风量（正常 $2\times1830m^3/h$）、高压流化风压力、锅炉床压、上部压差计、返料器温度等，判明原因，及时处理。

3）降低立管压力的办法主要有：

a. 提高返料器流化风量（特别是返料侧）及流化风压，必要时手动调整各流化风门开度和增设流化风机，保证返料器返料正常。

b. 降低炉膛上部差压，降低锅炉负荷及一、二次风量。

c. 维持炉膛流化稳定。

d. 处理立管压力和返料器流化风量异常时，需加强对旋风分离器出口温度、尾部烟温、锅炉床压及主/再热蒸汽温度的监控。

七、锅炉烟气排放指标的控制

（1）锅炉主要排放指标设计值：$SO_2\leqslant200mg/m^3$；$Ca/S\leqslant2.1$；脱硫效率≥96.7%；$NO_x\leqslant160mg/m^3$（干烟气，6%含氧量）；$CO\leqslant100mg/m^3$；粉尘≤$30mg/m^3$；除尘效率≥99.94%；

（2）锅炉运行过程中，应严格控制烟气排放，满足环保排放要求。

（3）SO_2 的排放控制。

1）调整石灰石加入量是控制调整 SO_2 排放的主要手段，SO_2 上升时，可适当增大石灰石加入量。石灰石加入量的调整可通过自动和手动控制旋转给料阀转速实现。

2）控制床温在最佳脱硫床温850~890℃范围内运行。

3）控制、调整石灰石品质和粒度。

4）控制、调整入炉煤品质（含硫量）及粒度。

（4）NO_x 的排放控制。

1）调整一、二次风及上下二次风配比。

2）适当提高锅炉床压。

3）控制床温在850~920℃范围内，当床温高于940℃时，NO_x 会明显升高。

（5）粉尘浓度的控制。

1）保证物料粒度合格。

2）保证旋风分离器分离效率正常。

3）保证除尘器除尘效率正常，输灰、除灰系统正常。

4）保证吹灰系统正常运行，受热面无严重积灰。

八、主蒸汽压力调整

（1）主蒸汽压力的控制方式。

1）CCS投入时，由锅炉主控制器根据主蒸汽压力控制器输出指令（定压/滑压）自动控制。

2）汽轮机跟随时，由汽轮机主控制器根据主蒸汽压力控制器输出指令（定压）自动控制。

3）锅炉跟随时，由锅炉主控制器根据主蒸汽压力控制器输出指令（定压）自动控制。

4）基本方式时，由机、炉手动控制。

5）CCS协调控制方式和发生RB时，采用滑压方式控制有效。

（2）主蒸汽压力调整的要求。

1）机组运行中，主蒸汽压力采用“定-滑-定”运行方式，由值班员根据实际情况（机组发电负荷、高压调节汽门开度、安全稳定性及经济性等）或由CCS根据机组发电负荷给定。

2）机组30%Ne以下或80%Ne以上时采用定压运行方式（机侧压力8.73MPa/24.2MPa）。

3）机组80%Ne以上稳定运行时，应控制锅炉侧主蒸汽出口压力25.32MPa±0.5MPa，汽轮机侧24.2MPa±0.5MPa，再热蒸汽对应于机组负荷。

4）正常运行中，应力求主蒸汽压力稳定，将其波动控制在尽量小的范围内。

5）湿态循环方式下，主蒸汽压力主要通过调整燃烧工况、机组负荷（蒸发量）得以控制。

6）直流工况下影响主蒸汽压力的主要因素为给水（包括减温水）流量、机组负荷、燃烧工况。主蒸汽压力异常变化时，应根据主蒸汽压力、中间点温度、减温水的变化情况，及时分析原因和调整。

a. 主蒸汽压力、中间点温度同时上升时，先减燃烧，后调给水。

b. 主蒸汽压力、中间点温度同时下降时，先加燃烧，后调给水。

c. 主蒸汽压力上升，中间点温度下降时，先减给水，后调燃烧。

d. 主蒸汽压力下降，中间点温度上升时，先加给水，后调燃烧。

7）调整主蒸汽压力时，尽量避免给水、燃烧的大幅波动，造成振荡加剧和汽温超限；必要时可短时调整机组负荷、温度和汽压。

8）正常运行中，锅炉主蒸汽压力大于或等于26.67MPa，主蒸汽进口压力控制阀（PCV）动作，自动开启。

9）正常情况下，不允许采取投停旁路、向空排汽、开启安全阀的方式控制压力。

10）压力变动较大、较快时，应注意加强给水及给水泵组、中间点温度、主/再热蒸汽温度、省煤器出水温度、机组负荷及汽轮机主参数的监控。

11）机组启停过程中，必须严格按照滑压曲线，并结合现场需要，控制锅炉主、再热蒸汽压力。

（3）汽压调整及注意事项。

1）汽压变化时，应及时分析扰动的原因，采取相应的措施迅速处理，防止汽压波动过大，不允许用不利于燃烧稳定的方式来调整汽压，在非事故状态下，禁止用开启安全阀和向空排汽等手段降低汽压。

2）增、减负荷时，应及时调整锅炉燃烧，尽快适应外界负荷的要求；当外界负荷增加使汽压下降时，及时增加一、二次风量和给煤量；当外界负荷减小使汽压升高时，及时减少给煤量和一、二次风量。

3）正常运行时，压力调整应通过改变给煤量来进行，尽量保持各条给煤线的均匀投煤，不应采用停给煤线的方法。

4）当发生异常情况造成汽压骤升时，及时降低锅炉负荷或开启向空排汽阀进行降压，尽量避免安全阀的动作；汽压上升达到安全阀的动作值，旁路阀、向空排汽阀、安全阀拒动或动作后压力仍无法控制，锅炉超压时，立即手动紧急停炉。

5）注意汽压、负荷与稀相区差压之间的对应关系，稀相区差压表明了稀相区的颗粒浓度，对控制压力和负荷起着重要作用。

6）各压力表应经常核对，若有误差应及时修正。

九、锅炉水煤比的控制

（1）水煤比自动控制方式：根据锅炉的不同工况，自动选择水煤比主控信号控制、炉膛出口烟气温度控制、升温控制方式。

（2）水煤比主控信号：由水冷壁出口过热度控制回路和水煤比温度/压力控制回路组成。

（3）水煤比温度控制信号：由水煤比前馈、锅炉主控制令、中温过热器Ⅰ出口汽温偏差信号经运算得出。转入干态且机组负荷大于或等于105MW时，水煤比温度控制回路投入，跟踪水煤比修正总量与分离器出口过热度的差值。

（4）水煤比压力控制信号：由锅炉主控制令、水冷壁出口温度及给煤线运行方式经运算得出。

（5）水冷壁出口过热度控制信号：由锅炉主控指令、旋风分离器出口汽温偏差、减温水流量偏差经运算得出。

（6）水煤比手动方式且旁路投运时，水煤比取决于机组负荷和旁路开度；水煤比手动方式且给煤手动时，水煤比取决于燃料偏差。

（7）机组运行中，可通过设置中间点过热度，人为修正水煤比。

（8）由于在高、低负荷范围内给水/燃料比率的运行范围是不同的，所有通过锅炉指令的函数关系式给出了对给水/燃料比率控制指令的高、低限限制。

十、给水的调整控制

（1）湿态循环工况下的给水调节。

1）湿态循环工况下的给水调节方式

a. 通过调节给水泵转速、361 阀保证省煤器入口流量大于最低保证流量。

b. 通过调节给水启调阀维持储水罐水位稳定。

c. 通过控制 361 阀保证储水罐水位在正常范围内。

2）湿态循环工况下的给水调节要求。

a. 锅炉启动初期，通过调节 361 阀保证省煤器入口流量，通过给水启调阀自动控制储水罐水位正常；给水泵在差压控制模式，维持给水母管与汽水分离器差压大于 2. 0MPa。

b. 工质膨胀时，储水罐水位快速上升，此时要坚决排水，提前手动或自动投入 361 阀控制储水罐水位。

c. 锅炉启动初期和湿态循环方式下，储水罐水位异常波动通过 361 阀得以控制；要严密监视和控制 361 阀动作情况，防止因 361 阀大幅变化造成储水罐满缺水。

d. 随着锅炉产汽量的增加，启调阀逐渐开大，361 阀逐渐关小，注意维持省煤器入口流量稳定。

e. 当给水旁路调门大于 75%后，逐步切换到主给水门，给水泵切换到流量控制模式，通过调整电泵出口调门来控制给水流量。

f. 在燃烧工况或蒸发量发生较大波动时，应加强对储水罐水位及给水控制的监视和调整。

g. 湿态循环方式下，锅炉燃烧调整应力求平缓，维持水位稳定。

h. 储水罐压力大于 12MPa 时，361 阀闭锁开启。

i. 切换给水泵、给水旁路调整门以及调整控制 360 阀时，应尽量缓慢、平稳，防止省煤器入口流量波动过大，触发锅炉跳闸。

j. 在转直流时，煤量尽量平稳、连续增加，保证平稳通过；控制储水罐水位缓慢、连续下降，尽量避免水位反复，防止炉水循环泵频繁启停和汽化。

（2）直流工况的给水调节。

1）直流工况给水控制方式。

a. 超临界直流锅炉的给水控制以水煤比（水煤比随着负荷的升高而增大）为基础；为了减小给水调整对主蒸汽温度的影响，在水煤比控制中，引入了焓控制和温度动态校正环节。

b. 为了保证各工况下的安全，设置了最小给水流量限制。

c. 为了防止水煤比失调，对给水流量给定值与总燃料量进行交叉限制。

d. 设置了省煤器的防沸腾回路。

e. 给水主控接受锅炉主控输出指令和给水加速信号，通过水煤比修正、水煤交叉限制及各工况的流量限制校正后，给出给水主控输出指令。

f. 给水主控输出指令经省煤器防沸腾和储水罐水位校正补偿后，输出给水泵控制指令。

g. 直流工况下，通过调整运行汽泵转速，实现给水自动调节。

2）直流工况给水调整的要求。

a. 根据水煤比修正给水流量，防止水煤比失调，造成参数大幅度波动。

b. 根据中间点焓修正给水流量。

c. 根据一、二级减温水流量与给水流量的比值，修正给水流量。

d. 燃烧和给水的调整力求缓慢、平稳。

e. 注意给水流量与机组负荷的对应关系。

f. 中间点焓和机组负荷（压力）均偏高（或偏低）时，应优先降低（或增加）燃料量和一、二次风量。

g. 中间点焓偏高（或偏低），而机组负荷（压力）低于（或高于）设定值时，应优先增加（或降低）给水量。

h. 在燃烧工况阶跃扰动和大幅波动或事故时，以保持中间点温度正常和受热面不超温为原则控制给水流量。

3）只要一次风机运行且锅炉任意侧下层床温大于或等于450℃，就必须保证省煤器入口流量大于最低保证流量：保证水冷壁管已充分冷却，水冷壁及各受热面不超温。

十一、给水泵的控制

（1）正常运行中，应保证并列运行的启动给水泵之间的负荷平衡，必要时可通过设定转速偏差，平衡两台汽动给水泵的负荷；手动控制时，应尽量保证并列运行的给水泵同步调节。

（2）启动给水泵运行时，应注意监控汽泵的转速、进汽压力及调节汽门开度，给水泵汽轮机进汽压力应与调节气门开度及给水泵汽轮机负荷对应，保证调节的稳定、迅速；在事故处理、负荷大幅变动或旁路系统动作时，要防止因给水泵汽轮机进汽压力波动过大，给水泵汽轮机转速自动调节跟不上，导致给水流量大幅波动或给水泵汽轮机超速。

(3) 低负荷运行或异常处理时，为保证汽动给水泵组运行稳定，可解列或停运一台启动给水泵组。

(4) 低负荷或变负荷运行中，注意及时调整或投停给水泵再循环，保证给水泵的安全和可靠供水。

(5) 机组低负荷或变负荷运行中，应注意监控辅助蒸汽联箱及四抽压力，稳定给水泵汽轮机进汽温度，充分暖管和疏水，防止给水泵汽轮机水冲击，保证及时无扰切换给水泵汽轮机汽源；正常稳定运行时，给水泵汽轮机备用汽源应随时处于暖管备用状态。

(6) 并泵的操作及注意事项。

1) 尽量保持锅炉燃烧稳定。

2) 调节待并给水泵出口压力，使其尽量接近（或略低于）运行给水泵出口压力及母管压力，开启待并给水泵出口电动门。

3) 缓慢提升待并给水泵转速，同时缓慢降低运行给水泵转速，逐步关小待并给水泵再循环调门，调整两台给水泵出口压力至相等，保证给水压力及省煤器入口流量稳定。

4) 根据流量、压力、转速、电流、再循环调门开度等判断并泵情况，平衡并列运行给水泵负荷。

(7) 汽动给水泵组控制方式为流量自动控制、DCS 转速控制、MEH 转速控制和 MEH 阀位控制，正常运行中，给水泵投流量自动控制。启停或异常处理时，可根据需要切换其控制方式，注意防止切换配合不当造成给水大幅波动。

(8) 正常运行中，维持两台汽动给水泵组并列运行，30% BMCR 容量的电动给水泵作为启停用；紧急给水泵作为汽泵全部故障退出或正常给水方式无法保证等事故时的紧急备用。

十二、主蒸汽温度的调整

(1) 影响汽温的因素。

1) 炉膛负压的变化。

2) 一、二次风比例的变化。

3) 过量空气系数的变化。

4) 给水压力、温度的变化。

5) 负荷的变化。

6) 煤质及粒度的变化。

7) 减温水量的变化。

8) 受热面的积灰、结焦、吹灰。

9) 锅炉漏风及泄漏。

10) 过热蒸汽压力的变化。

11) 床温、床压的变化。

（2）主蒸汽温度的控制方式。

1）调整锅炉水煤比是控制主蒸汽温度的主要和粗调手段，通过对煤量和给水量的平衡调整，最终实现对主蒸汽温度的有效控制。

2）中间点温度（焓）的变化既能快速反映水煤比变化，又能超前反映主蒸汽温度的变化趋势，只有维持该点温度稳定，才能保证主蒸汽温度的稳定。

3）一、二、三级减温水作为主蒸汽温度调节的辅助和细调手段，在工况变化时维持主蒸汽温度稳定。

4）主汽减温水控制回路采用温差控制的分段控制方式。

a. 一级喷水减温器控制由一级减温水流量控制回路、低温过热器出口及中温过热器Ⅰ出口温差控制回路、左右侧中温过热器Ⅰ的出口温度不平衡校正回路组成，同时兼顾减温器出口抗饱和参数修正和启动过程对汽温设定的修正。一级减温水流量控制信号是根据给水总量额定比例得到，引入分离器出口过热度作为修正。

b. 二级喷水减温控制采用中温过热器Ⅱ出口汽温控制为主调节，中温过热器Ⅱ入口汽温为副调节的串级控制回路。

c. 三级喷水减温控制采用高温过热器出口汽温控制为主调节，高温过热器入口汽温为副调节的串级控制回路。

（3）主蒸汽温度的控制要求。

1）启动湿态运行时，主要通过调整锅炉燃烧和蒸发量来调整汽温，严格按照启动曲线控制汽温，温升率小于90℃/h（压力越低，温升率越小）。

2）正常运行中，主蒸汽温度在50%~100% BMCR维持在571℃，正常允许运行的温度范围为571℃±5℃，两侧蒸汽温度偏差小于5℃，严禁超温运行。

3）正常运行中，维持主蒸汽温度尽量平稳，控制汽温升降率小于1.5℃/min，严禁汽温频繁大幅波动。

4）中间点温度（汽水分离器出口汽温）的变化反映了工质在水冷壁中蒸干点位置的变化，以保护水冷壁不超温和防止过热器进水。

a. 在亚临界直流工况下，中间点过热度应维持在10~20℃范围内。

b. 在超临界工况下，中间点温度应维持在410℃±10℃之间。

c. 异常工况下，中间点温度应不超出对应的温度范围。

5）中间点温度偏离正常值时，应分析原因，及时调整修正水煤比（调试以后，确定水煤比例），使之恢复正常。

6）在升/降负荷过程中，中间点温度可保持略低/略高；防止锅炉热惯性较大而导致中间点温度偏离正常范围。

7）正常运行中，中间点温度达到（或接近）饱和值是水煤比严重失调的现象，应立即进行处理：

a. 立即修正水煤比。

b. 解除燃烧或给水自动，进行手动调整。

c. 如中间点过热度过低或消失、储水罐出现虚假水位而361阀无法投入时，要及时减小给水流量，并开启相应疏水。

8）锅炉转直流前、后，要密切监视焓值控制器、温度控制器，确保投入正常，防止因偏置设定异常，导致水煤比大幅波动。

9）机组运行中，应将各级减温水流量控制在适当范围内，以保证减温水调节的余度和灵敏度，超过正常范围时，应及时调整：

a. 适当修正水煤比。

b. 调整炉膛、外置床的热负荷分配。

c. 调整锅炉燃烧工况。

（10）在减温水手动调节时：

a. 要考虑到汽温调节的惯性和迟滞性，注意监视减温器后汽温的变化。

b. 严禁频繁大幅度调整，防止温度骤变造成短时蒸汽品质恶化、受热面产生大的热应力或管内氧化皮脱落。

c. 注意保证减温器后的蒸汽达到11℃以上的过热度。

十三、再热蒸汽温度的调整控制

（1）再热器温度在50%～100% BMCR负荷范围内应维持在571℃，正常允许运行的温度范围为571℃±5℃，两侧蒸汽温度偏差应小于10℃，严禁超温运行。

（2）正常运行中，应维持再热蒸汽温度尽量平稳，汽温升降率小于1.5℃/min，严禁汽温频繁大幅波动。

（3）高温再热器入口事故喷水主要防止事故情况下再热蒸汽温度和金属壁温超限。正常运行时，应尽量不采用高温再热器入口喷水减温。事故喷水投入时，注意控制减温器后的蒸汽温度保持11℃以上过热度。

（4）可通过及时改变水流量来保证中间点温度及各级汽温符合要求，汽温或给水采用手动调节时，应特别注意给水压力和给水泵运行工况的监控，防止给水压力异常波动或抢水，造成给水流量低或高汽温。

（5）锅炉热态恢复，启动过程中初期投煤应缓慢进行，要加强中间点温度和主、再热蒸汽温度的监视，并做好提前控制。锅炉热态恢复中，中间点温度控制应靠低限，汽温控制上限以530℃为宜。

（6）锅炉运行中，汽温的调整和控制要以受热面管壁不超温为前提。

（7）正常运行中，若主、再热蒸汽温度异常下降至520℃以下，应及时开启锅炉过热器、再热器疏水及汽轮机主、再热蒸汽母管疏水。

（8）主、再热蒸汽温度异常升高（≥594℃）或造成汽轮机打闸，锅炉手动紧急停炉。

（9）高压加热器投停时，要严密监视省煤器出口及中间点温度的变化，及时提前修正水煤比，控制中间点温度及汽温在正常范围内，同时要防止因省煤器出口欠焓变化而影响水循环安全。

（10）在锅炉达到最低蒸汽流量310t/h之前，尽量不采用喷水减温进行主蒸汽温度的调节，防止发生“水塞”。

十四、锅炉受热面金属壁温的控制

（1）金属壁温监控原则。

1）本锅炉设置了水冷壁、旋风分离器、包墙吊挂管、包墙过热器、低温过热器、中温过热器Ⅰ、中温过热器Ⅱ、屏式过热器、低温再热器、高温再热器壁温测点，运行中要确保热工测量、监视、自动、保护完善、可靠。

2）锅炉运行中，要加强受热面金属温度的监视，负荷、燃烧、给水、中间点温度及蒸汽温度的调整要以金属温度及温差不超限为前提，必要时要适当降低蒸汽温度或降低机组负荷。

3）启停及正常运行中，加强对受热面金属壁温的监视及调整，防止锅炉烟气侧、蒸汽侧热偏差过大，防止燃烧、负荷、汽温大幅波动，合理使用和调整减温水，严禁超温运行，防止受热面管内壁氧化皮剥落。

4）加强金属监视和定期检查，及时清除受热面管内壁剥落的氧化皮，防止堵塞造成超温爆管。

（2）正常运行中防止受热面热偏差过大或超温的措施。

1）严格控制汽水品质合格，防止管内结垢、腐蚀。

2）控制机组负荷、燃烧、给水、主/再热蒸汽温度尽量平稳缓慢变化。

3）保证燃料对称投入，灰循环正常，锅炉热负荷均衡。

4）保证正常、稳定给水。

5）高压加热器运行正常，控制水冷壁进口欠焓正常。

6）调整水煤比正常，确保中间点温度正常和相对稳定。

7）控制各级汽温及减温水流量正常，严禁超温运行。

8）控制锅炉各受热面吸热比例正常。

9）控制各段炉温、烟温正常。

10）热工测量监视、保护可靠运行。

十五、启、停炉过程中和事故时及停炉后受热面的主要保护措施

（1）启、停炉过程中受热面超温的主要保护措施：

1）控制锅炉燃烧强度及烟温、床温（锅炉床温<800℃）。

2）在保证入炉煤着火稳定后，方可停止燃油。

3）尽量保证燃料对称投入。

4）严格控制升温升压速率。

5）合理使用旁路、启动系统，保证给水和蒸汽流量。

6）保证油枪雾化、燃煤质量，加强受热面吹灰，防止烟道再燃烧。

7）合理使用减温水，确保各级汽温不超规定值，注意防止水塞。

8）尽快投入高低压加热器正常运行。

9）启动过程中，主蒸汽压力4.0MPa以上，充分利用旁路系统清除系统内杂质。

（2）事故时受热面的主要保护措施。

1）保证给水，调整给水流量，保证水冷壁出口温度正常，防止水冷壁超温，必要时投入电泵或紧急给水泵。

2）利用旁路系统及向空排汽，保证过、再热器最低冷却流量135t/h。

3）防止汽温异常上涨，必要时延迟解列减温水。

4）尽量控制水冷壁出口介质温度变化速率≤100℃/h。

（3）停炉后受热面的主要保护措施。

1）旁路系统维持最低冷却蒸汽流量135t/h不少于20min。

2）旋风分离器出口烟温和下层床温450℃以上，维持连续上水，保证水冷壁出口温度正常。

3）控制水冷壁出口介质温度变化率小于或等于100℃/h。

4）保证二次风及烟气通道畅通，必要时维持引风机运行。

5）加强各处烟风温度监视，发现异常及时处理。

6）主蒸汽压力小于1.0MPa且确定各受热面无超温危险时，锅炉方可放水。

十六、锅炉受热面吹灰

（1）正常运行中，对尾部烟道受热面及空气预热器进行定期吹灰。

（2）停止吹灰时检查各吹灰器均全部退出到位。

（3）吹灰时，检查吹灰器连接管道、阀门无漏汽现象。

（4）吹灰压力、温度在正常范围内，固旋吹灰器压力为1.0~1.5MPa，长吹灰器压力为1.0~1.5MPa。

（5）当MFT故障出现时，操作画面上相应的指示灯亮，如系统处于自动运行中，则自动结束吹灰。

（6）当某一吹灰器进/退位置信号长时不能返回时，“吹灰器超时”报警，吹灰器退回初始位置15s后，报警信号自动消失。

（7）检查各吹灰器转动部分润滑良好，无卡涩现象。

（8）吹灰时的注意事项。

1）凡吹灰器处于手动方式，未完全到位，吹灰器有缺陷、泄漏均不得投运吹灰器。

2）投运吹灰器前暖管应充分，并全面检查各吹灰器却无泄漏，方可投运吹灰器系统。

3）吹灰过程中，若发现某吹灰器卡萨，应立即关小吹灰调门，维持较低压力，并尽快将其手动或就地电动退出到位，必要时通知检修配合处理，吹灰器退出前，不得切断吹灰蒸汽，退出到位并可靠隔离后，方可用其他吹灰器继续吹灰。

4）锅炉吹灰前，应适当提高炉膛负压，锅炉燃烧不稳定或有烟气及炉灰从炉内喷出时，禁止吹灰。

5）吹灰过程中，应注意监控烟温、主/再热蒸汽温度、引风机电流和炉膛负压。

6）吹灰过程中，应注意监视吹灰压力、各吹灰器及调节阀开度，出现异常及时分析原因，防止因吹灰器损坏而吹坏受热面。

7）吹灰蒸汽管道发生破裂时，应停止吹灰。

8）锅炉运行不正常或发生事故时，应停止吹灰。

9）吹灰系统、吹灰设备故障或损坏时，应停止吹灰。

10）吹灰时任何人员不得站在吹灰器汽门附近，以防漏汽伤人。

11）当锅炉跳闸时，吹灰应自动停运，否则立即手动停运吹灰。

锅炉事故分析与处理

第一节 循环流化床锅炉设备事故分类

循环流化床锅炉是特种设备的重要组成部分，国家对其设计、制造、安装、改造、维修、检验、使用进行全过程的安全监察。这些设备或其某一部件的损坏都可能导致灾难性的后果。常见的循环流化床锅炉事故大致可分为以下几类：

（1）锅炉承压部件爆漏事故：

1）设备超压超温；

2）设备大面积腐蚀；

3）炉外管道爆破；

4）锅炉四管泄漏。

（2）锅炉尾部再次燃烧事故。

（3）锅炉炉膛爆炸事故。

（4）锅炉汽包满水和缺水事故。

第二节 锅炉压力容器事故调查组织与分析方法

一、事故调查的组织

（一）事故分类

1. 特别重大事故

有下列情形之一的，为特别重大事故：

（1）特种设备事故造成 30 人以上死亡，或者 100 人以上重伤（包括急性工业中毒，下同），或者 1 亿元以上直接经济损失的；

（2）600MW 以上锅炉爆炸的；

（3）压力容器、压力管道有毒介质泄漏，造成 15 万人以上转移的。

2. 重大事故

有下列情形之一的，为重大事故：

（1）特种设备事故造成 10 人以上、30 人以下死亡，或者 50 人以上、100 人以下重伤，或者 5000 万元以上、1 亿元以下直接经济损失的；

（2）600MW 以上锅炉因安全故障中断运行 240h 以上的；

(3) 压力容器、压力管道有毒介质泄漏，造成5万人以上、15万人以下转移的。

3. 较大事故

有下列情形之一的，为较大事故：

(1) 特种设备事故造成3人以上、10人以下死亡，或者10人以上、50人以下重伤，或者1000万元以上、5000万元以下直接经济损失的；

(2) 锅炉、压力容器、压力管道爆炸的；

(3) 压力容器、压力管道有毒介质泄漏，造成1万人以上、5万人以下转移的。

4. 一般事故

有下列情形之一的，为一般事故：

(1) 特种设备事故造成3人以下死亡，或者10人以下重伤，或者1万元以上、1000万元以下直接经济损失的；

(2) 压力容器、压力管道有毒介质泄漏，造成500人以上、1万人以下转移的。

(二) 事故预防

根据《中华人民共和国特种设备安全法》(见附录A) 的规定，特种设备安全监督管理部门应当制定特种设备事故应急预案。特种设备使用单位应制定事故应急专项预案(可参考附录B、C编制)，并定期进行事故应急演练。

压力容器、压力管道发生爆炸或者泄漏，在抢险救援时，应区分介质特性，严格按照相关预案规定程序处理，防止二次爆炸。

(三) 事故的调查处理

(1) 特种设备事故发生后，事故发生单位应立即启动事故应急预案，组织抢救，防止事故扩大，减少人员伤亡和财产损失，并及时向事故发生地县以上特种设备安全监督管理部门和有关部门报告。

县以上特种设备安全监督管理部门接到事故报告，应尽快核实有关情况，立即向所在地人民政府报告，并逐级上报事故情况。必要时，特种设备安全监督管理部门可以越级上报事故情况。对特别重大事故、重大事故，国务院特种设备安全监督管理部门应立即报告国务院，并通报国务院安全生产监督管理等有关部门。

(2) 特别重大事故由国务院或者国务院授权有关部门组织事故调查组进行调查；重大事故由国务院特种设备安全监督管理部门会同有关部门组织事故调查组进行调查；较大事故由省、自治区、直辖市特种设备安全监督管理部门会同有关部门组织事故调查组进行调查；一般事故由设区的市级特种设备安全监督管理部门会同有关部门组织事故调查组进行调查。

(3) 事故调查报告应由负责组织事故调查的特种设备安全监督管理部门所在地人民政府批复，并报上一级特种设备安全监督管理部门备案。

有关机关应按照批复，依照法律、行政法规规定的权限和程序，对事故责任单位和有关人员进行行政处罚，对负有事故责任的国家工作人员进行处分。

(4) 特种设备安全监督管理部门应当在有关地方人民政府的领导下，组织开展特种设备事故调查处理工作。

有关地方人民政府应当支持、配合上级人民政府或者特种设备安全监督管理部门的事故调查处理工作，并提供必要的便利条件。

二、事故调查一般程序

事故调查组成立后一般应遵循以下程序进行调查：

(1) 保护事故现场。

(2) 收集原始资料。发生事故后，除了对事故现场进行检查、照相、录像、绘图记录，保存必要的物证和痕迹见证外，还要收集事故有关的各种记录。

(3) 调查事故过程情况。按照事故调查规程的要求对事故有关人员，事故发生的时间、地点、气象情况和事故前后设备与系统的运行情况，事故经过，与设备事故有关的仪表、自动设备、保护的记录和动作情况，与事故有关的安全管理、设备档案等情况进行调查了解。

(4) 分析原因、责任。

(5) 提出防范措施。

(6) 提出对责任人员的处理意见。

(7) 写出调查报告。事故调查完毕后，应写出调查报告书，报送组织调查的单位，由事故调查组织单位进行归档结案。

三、事故调查的具体项目和内容

锅炉压力容器热力管道事故的调查应有一个提纲，这个调查提纲在调查中可以不断调整。事故调查提纲的具体项目和内容如下：

(一) 调查内容

1. 现场调查内容

(1) 故障发生的时间与部位，故障经过；

(2) 爆口、破碎后与主体的相对位置和尺寸；

(3) 本体的损坏、变形情况与周围设备的损伤情况；

(4) 目击者证词；

(5) 运行人员对运行工况的口述记录；

(6) 仪表、阀门、自动装置、保护装置、闭锁装置所处的状态与事故过程中的变化，特别是安全门的状态和动作情况；

(7) 自动记录、运行记录及事故追记装置记录。

2. 故障部件的背景材料收集

(1) 制造安装单位的证明文件；

(2) 设备的检修和检验记录；

(3) 设备技术登录薄的登录；

(4) 设备运行历史档案，包括有关的试验报告；

(5) 设计图纸及设计变更资料；

（6）质量检验报告；

（7）控制、保护装置的功能与定值；

（8）使用说明与现场运行规程。

（二）观察、检查项目

（1）损坏部件的目测检验；

（2）针对设计图纸校对尺寸；

（3）断口宏观与扫描电镜检查；

（4）断口附近及非损坏区金相检查。

（三）测试

（1）无损探伤；

（2）化学成分分析（常规方法与局部成分分析）；

（3）机械性能测试，包括硬度测量；

（4）断裂韧性测试；

（5）应力–强度寿命分析。

（四）试验或模拟试验

（1）设备运行工况下部件工作状态的测试；

（2）故障机理的确定；

（3）在试验室按所确定的机理进行部件的模拟试验。

四、事故（故障）分析的原则、方法

事故发生后，事故调查人员往往会面临大量、杂乱无章的资料，甚至相互矛盾的情况，要分析出事故发生的原因，就必须掌握科学的思考方法与工作方法，从而保证故障分析严密、高效、正确无误。一般应遵循以下原则：

（一）事故分析的原则

（1）整体观念或称全过程原则。设备在使用中发生损坏，其每一部件都牵涉到设计、制造、安装、检修与使用各阶段，故障分析切忌孤立地对待个别部件，个别环节，否则问题往往得不到解决。例如德国产某高压锅炉省煤器吊管爆破，全相检验认为是材料超温过热，但锅炉运行中壁温实测及启动中烟温测量表明，该部分受热面不致发生超温过热，过热原因不能被证实，后来查明该省煤器在启动阶段有可能产生蒸汽，形成汽塞，随锅炉升负荷烟温升高而汽塞没有消失时，省煤器吊管便会发生过热爆管。

（2）以规程为依据的原则。设备在设计时都有一定的安全系数，安装和制造工艺总会发生各方面的误差，运行中各参数也难免产生偏差，三种因素的不良组合常常是事故发生的原因，事故分析时必须以规程为依据来判别是非。例如炉膛结焦，它涉及煤种、运行方式与燃烧设备的结构等因素。煤种在设计变化范围内，按设计规定的运行方式运行而发生结焦，宜检查燃烧设备的问题；若燃用超过设计范围的低灰熔点煤种而结焦，追究设计责任一般是不合理的。虽然解决炉膛结焦问题存在改变煤种、改变燃烧设备结构或者改善运行等多种选择，但还是应以规程、标准或设计说明为依据确定处理方法。

(3) 从现象到本质的原则。现象只是分析问题的入门向导，透过表面现象找到问题的本质后才能真正解决问题。例如焊口泄漏常常归结为焊接质量及焊工水平不达标，但问题往往难以解决。因为焊口泄漏，焊接缺陷的产生可能与外力、坡口形式、焊接材料、热处理工艺、焊接工艺参数、焊工技术水平等诸因素有关。简单地归结为焊工素质不一定解决问题。某厂屏式过热器管座角焊缝泄漏，从焊接接头断口的宏观检查看，焊接质量确实存在一定缺陷，于是将故障原因归结为焊接质量不良，并决定全部管座重新施焊，但事后又连续发生管座焊口泄漏。最后查明是：该屏式过热器采用振动吹灰器，管屏上部为集箱所固定、中部为固结棍所固定。因此，在管屏对接时不可避免地存在焊接残余应力，运行中同一管屏各管壁温不可避免地存在温差，实质上是相对膨胀不畅，导致了焊口泄漏。取消固结棍后，该焊口泄漏问题得到了解决。

(4) 数量分析的原则。要正确判断故障的原因必须作数量分析。例如某厂车间屋顶塌落正值冬季，屋面积冰较多，荷重超过了设计规定。但计算结果表明实际负载还不足以导致屋面塌落。进一步调查发现屋架施工不良，在构架上随意切割而未补强，使屋架刚度下降。通过计算查明了冰雪超载和施工不良是导致事故的双重原因，因此有针对性地采取措施，确保了安全。

(二) 事故分析的方法

判别事故原因的具体方法常有：

(1) 系统分析方法。该方法要求从总体上考虑事故是否与设计、制造、安装、使用、维护、修理各个环节以及各个环节涉及的材质、工艺、环境等因素有关，并据此深入调查测试（包括模拟或故障的再现试验），寻找事故的具体原因。应尽可能设想设备发生故障的所有因素，根据调查资料、检验结果，采取“消去法”把与事故无关的因素逐个排除，最终确定故障原因。

(2) 比较方法。选择一个没有发生事故而与事故系统类似的系统，一一对比，找出其中差异和发生事故的原因。

(3) 历史对比方法。根据同样设备同样使用条件过去的故障资料和变化规律运用归纳法和演绎法推断故障原因。

(4) 反推法。根据设备损坏状况，主要是爆口、断口断裂机理的分析结果，确定事故的起因，并推断事故原因。这是经常用的方法。

图 5-1 是一份焊接压力容器破裂事故原因分析图，用于系统分析方法分析事故原因，可供参考。采用系统分析法需要确立全面完整的分析图，否则容易片面。常用的方法是现场调查资料，测试检查结果，理论分析三对照，必要时辅以模拟试验（包括故障再现性试验）以最终确立事故的原因。

五、事故调查常用的检验（测）方法

简单的事故也许通过现场调查分析即可得出结论。大量事故的情况往往是复杂的，需要对损坏的设备部件、附件进行技术检验、检测和试验，才能发现或验证设备部件失

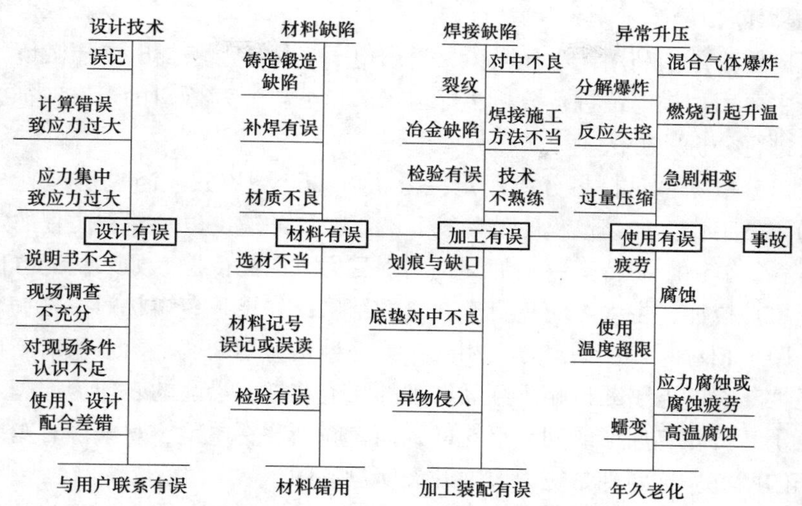

图 5-1　焊接压力容器破裂事故原因分析图

效的原因。下面对几种常用方法做简单的介绍。

（一）直观检查

直观检查主要是凭借检查人员的感官对设备部件的内外表面情况进行观测检查，看是否存在缺陷。由于肉眼可以迅速检验较大的面积，对色泽、断裂纹理的走向和改变有十分敏锐的分辨能力，因此可以较方便地发现表面的腐蚀坑或斑点、磨损深沟、凹陷、鼓包和金属表面的明显折叠、裂纹。

管道内表可借助于窥视镜或内壁反光仪等。对肉眼检查有怀疑时，可用放大镜作进一步观察。锤击检查也是直观检查的方法之一。

对断口的肉眼检查，可大致确定部件损坏的性质种类——韧性、脆性、疲劳、腐蚀、磨损和蠕变。观察断裂纹理的变化可以确定断裂源、断裂时的加载方式（拉裂、撕裂、压裂、扭断、弯裂等），并可判断应力级别的相对大小。

直观检查方法比较简单，其效果在很大程度上取决于检查人员的经验和素质。对检查情况应尽量详细地做好记录，最好采用摄影、录像的方法。

（二）低倍酸蚀检验

低倍酸蚀检验是指对故障部件表面进行加工、酸浸后，用显微镜作低倍数放大后观察，其特点是设备及操作简易，可在较大面积上发现与判别钢的低倍组织缺陷。

低倍酸蚀检验可得到以下信息：

（1）钢材内部质量，发现偏折、疏松、夹杂、气孔等缺陷。

（2）发现铸、锻件表面缺陷，如夹砂、斑疤、折叠等。

（3）内裂纹，如白点（或称发裂）发纹、过烧等。

（4）焊接质量。

（5）可以发现研磨擦伤部位。

（6）可以区别钢材软硬不同部位所在。

（三）显微断口检验

显微断口检验是指利用光学显微镜、透射电子显微镜、扫描电子显微镜（目前显微镜断口分析主要用扫描电镜进行分析，即电子断口分析）对断口的形态特征、形成机制和影响因素进行分析的方法。

电子断口分析除了对材料分析作定性分析（如断裂方式、断裂机理）外，还能作断裂方面的定量工作，如韧性程序的判别、裂纹扩展的速度以及断裂历程的定量描述。

塑性材料的显微断裂特征——韧窝是判别受力方向的依据。如果是无方向性的等轴韧窝，是受单轴拉伸，主力方向垂直于断口的结果；如果是鱼鳞状的拉长韧窝，是一种拉伸撕裂，两个相对断口上韧窝方向相同；另一种是剪切断裂，两个相对断口上韧窝方向相反。脆性断裂的电子断口相为穿晶解理的河流花样；沿晶的表现为冰糖花样。应力腐蚀开裂电子断口相有扇形或羽毛形花样，而氢脆断裂在电镜下观察多有鸡爪形的撕裂棱，或有细的凹坑，这两种是应力腐蚀开裂所没有的。

一般来讲，不同机制引起的断裂，其断口形态也是不同的，由于材料化学成分、热处理状态或介质的区别，相同断裂机制其显微形态也可能不尽相同，表 5-1 可供故障分析时参考。

表 5-1　金属以不同机制断裂时可能具有的显微断口形貌

机制	穿晶断口					沿晶断口		
	塑坑	解理	准解理	平行条纹	其他	塑性	脆性	其他
过　载	√	√	√	△		√	√	
应力腐蚀	×	×		△	√	×	√	
高周疲劳	×	×	×	√	√	×	×	
低周疲劳	△	×	×	△	√	×	×	√
腐蚀疲劳	×	×	×	√	√	×	×	√
氢　脆	√		√	△		×	√	
高温蠕变	√	×				√	×	

注　√表示可能出现，×表示不大可能出现，△表示偶尔出现，空白表示不肯定。

（四）金相检验

金相检验包括光学显微镜或扫描电镜观察金相试样，也包括就地无损金相检验。由于加工工艺（热处理、焊接及铸造）、材质缺陷（夹渣、偏析、白点等）和环境介质等因素造成的损坏，均可通过金相检验判别损坏原因。

显微组织检验的内容主要有晶粒的大小、组织形态、晶界的变化，以及夹杂物、疏松、裂纹、脱碳等缺陷。特别应注意晶界的检验，是否有析出相、腐蚀及变化、微孔等现象发生。

当检查裂纹时，往往能从裂纹尖端的试样得到有价值的信息，由于它受环境介质的影响较小，容易判别裂纹扩展路径的方式——穿晶型或沿晶型。

通过裂纹两侧氧化和脱碳情况的检查，可以判别表面裂纹产生于热处理前、热处理中还是在热处理后，是判别制造裂纹还是运行裂纹的重要依据。在分析电站锅炉受热面爆破原因时，取向火侧、背火侧（或远离爆口部位）试样作金相对比检验，可以确定是材料局部缺陷（碳化物成片状）还是过热（碳化物球化），或两者都有问题。

金相检验用于事故分析，可提供有价值的信息，如部件的冶炼、加工、热处理、表面处理、运行工况效应等信息，还可提供裂纹存在的特征和扩展路径。如配合显微硬度试验，可检查表面处理效果、裂纹路径的硬度变化和疑难组织的判断。

通过金相检验可以判断焊接接头、热弯弯头在制造时所作的热处理工艺是否合适；分析裂纹不同深度的金相图，可以找到与事故有关的重要线索。有些管材（如13GrMo44、14MoV63、10CrMo910、X20CrMo121）高温下持久断裂时的变形很少，不易觉察其胀粗，观察其金相组织的变化有利于判断其剩余寿命。

（五）超声波检验

通过超声波探伤仪示波屏上显示的缺陷界面反射信号，可以判断缺陷所在的位置、数量、大小及性质，主要用于发现材料内部及管子、集箱内表面的裂纹，焊缝底部未焊透、未熔合以及气孔、夹杂等宏观缺陷。

由于材料表面粗糙度及材料本身的不均匀性所引起的杂波，超声波探伤的灵敏度有一定的限度，小于0.5mm的缺陷，往往难以发现。过去的超声波检验不给出可供客观评议的文件资料，发现缺陷的能力与探测者水平有关。对几何形状复杂的部件，如异形体、阀门等，其检验判断结论的正确性更取决于检验者的技能和经验。

制造厂对无缝钢管所进行的超声波自动检验流水线，只能检验出纵向缺陷，其他方向（横向和平行于管表方向）的缺陷还不能发现。对于仪器灵敏度以内的缺陷也不易发现。

（六）射线检验

射线检验发现缺陷的能力与同一束射线所经过的路线、材料的厚度及射线的强度有关。一般透照厚度不超过80~100mm。对管子进行透照时，如射源与底片都在管外，则射线必然透过两重管壁，呈椭圆形阴影。

射线检验可发现气孔、夹渣以及与射线方向平行的裂纹，与射线方向垂直的裂纹，以及在射线束以外的缺陷不易被发现。射线检验主要用于制造、安装阶段焊接接头的探伤，其底片可以保留备查，便于观察缺陷的发展。有的电厂曾成功地用射线探伤发现了屏式过热器管内的堵塞物。

（七）表面裂纹检验

当前表面裂纹检验多采用液体渗透法和磁粉探伤法。

1. *液体渗透法（着色及荧光探伤）*

液体渗透法仅适用于确认部件表面是否存在裂纹，以及裂纹长度的鉴别，它的准确性取决于部件表面的预处理、部件的温度及检查时的仔细程度。如果裂纹缝隙中填满了氧化物，用着色剂裂纹往往显示不出来。

2. *磁粉探伤法*

磁粉探伤只能在导磁材料上进行。磁粉探伤法比着色法灵敏度高、速度快。在较强的磁场下磁粉探伤有可能探测在表面下 1~3mm 深处存在的裂纹，它并不一定是表面裂纹。

上述两种方法都不能检查裂纹深度。检验裂纹深度还要借助于专门的裂纹深度测量仪。

焊缝及其热影响区的冷热裂纹、管子的蠕变裂纹可用表面检验发现。管内壁的表面裂纹如果无法见到或触及，则不能用这种方法。几种无损探伤方法发现缺陷能力的比较见表 5-2。

表 5-2 缺陷形状和探伤方法对应表

缺陷 / 探伤方法	平面状缺陷（裂纹未熔合、未透焊）	球状缺陷（气孔）	圆柱状缺陷（夹渣）	线性表面缺陷（表面裂纹）	圆形表面缺陷（针孔）
射线探伤	△或×	○	○		
超声探伤	○	△	△		
磁粉探伤				○	△或×
着色探伤				○或△	○

注 ○最适合；△良好；×困难。

（八）壁厚测量

采用超声波测量壁厚是较普遍的方法。在表面温度低于 100℃时，采用数字式测厚仪，测量精度可达±0.1mm；若温度升高，材料中声速发生变化，会降低测量的准确性，对探头正常工作不利。

制造时应检验壁厚，特别要检验那些按设计数据来衡量、壁厚裕度小的部件，弯管及冷热加工成型的部件。

直管在轧制过程中，壁厚呈螺旋线变化。有怀疑时，可沿整个长度测量壁厚，测量点间的距离可为管子外径的 2 倍；管子在弯制以后外弧侧减薄，弯管的测量断面（每一断面四点）间的距离可为外径的 1~2 倍。汽包的球形封头在接近底部 20°~30°范围内因冲压减薄较严重，椭球形封头在接近大曲率部位减薄最多。因此，应当根据具体情况选择测量点。

水冷壁管的垢下腐蚀坑及汽包钢板的大面积夹层可以用测厚仪检查。

（九）蠕胀测量

蠕胀测量可确定部件是否发生塑性变形，通常用于检测薄壁的过热、再热蒸汽管道，管子原来存在的不圆度引起的补偿性蠕胀、弯头外弧侧壁厚减薄引起的局部蠕胀变形。

（十）化学分析

在故障分析中，为了查明金属材料是否符合规定要求，必须进行化学成分分析（包括光谱分析）。钢材的化学分析要确定碳及以下诸元素：①合金成分，如锰、铬、钼、镍、钒等有意加入钢内的元素；②杂质，如磷、硫等；③脱氧元素，如硅、铅等。在特殊情况下（如体积较大的锻件），还要确定是否存在对材质纯洁度和焊接性能有影响的偏析现象。

在某些特殊的故障分析中，如腐蚀和应力腐蚀案例，对腐蚀表面沉积物、氧化物或腐蚀产物以及与被腐蚀材料接触的物质进行化学分析，重点检查钢材表面的含碳量以发现“脱碳”现象等，确定故障原因。

（十一）机械性能试验

机械性能试验主要是检查损坏部件材料的常规强度与塑性指标是否达到额定指标或是否符合设计要求。

检验项目随需要而定，例如对于脆性断裂部件经常检验的两个项目是宏观硬度测定和韧性-脆性转折温度（NDTT）的检测。宏观硬度测定着重检查断口或裂源附近的硬度变化，并与金相组织检查结果相结合来综合评定，具体内容包括：①检验加工硬化或由于过热、脱碳等引起的软化；②评定热处理工艺；③提供钢材拉伸强度的近似值。

有时还需进行与损坏机理有关的其他性能试验，如断裂韧性、疲劳强度、持久强度试验等。

此外，还有硫印试验、环行试样试验和塔型车削检验，由于在电厂中应用较少，不再介绍。

第三节　循环流化床锅炉运行常见事故

一、炉膛结焦事故

炉膛结焦分为低温结焦和高温结焦。低温结焦是指床温较低时，由于流化不好，造成各种颗粒粘连在一起的现象。实际运行中的锅炉在发生高温结焦事故时经常会出现以下现象：床温急剧升高并超过煤的灰熔点，大致在1000℃以上，氧量指示急剧下降，甚至到零；观察火焰时，流化不良，局部或大面积火焰呈白色；出渣时渣量少或放不出；严重时负压不断增大，一次风机电流下降；风室风压高且波动增大，一次风量减少。

1. 锅炉常见的结焦原因

点火升压过程中煤量加入过快、过多或加煤未加风，大量未完全燃烧的煤颗粒积存在一起而突然爆燃。压火时操作不当，未等到氧量开始上升即炉膛床料中的煤没有完全燃烬就停止所有风机运行。一次风量过小，低于临界流化风量；燃烧负荷过大，燃烧温度过高；煤粒度过大或灰渣变形温度低；放渣过多，处理操作不当；返料器返料不正常或堵塞；给煤机断煤，处理操作不当；负荷增加过快，操作不当；风帽损坏，灰渣掉入风室造成布风不均；床温表计不准或不灵，造成运行人员误判断；床料太厚，没有及时排渣；磁铁分离器分离故障，铁件进入炉内造成流化不好。

2. 炉膛结焦的处理方法

发现床温不正常升高，综合其他现象判断有结焦可能时，应加大一次风量和加强排渣，减少给煤量，控制结焦恶化，并恢复正常运行，若经处理无效，应立即停炉。放尽循环灰，尽量放尽炉室内炉渣。检查结焦情况，打开人孔门，尽可能撬松焦块并及时扒出运行。若结焦严重，无法热态消除，待冷却后处理。

3. 预防炉膛结焦常见的方法

控制入炉煤粒度在10mm以下；点火过程中严格控制进煤量；严格做到升负荷时先加风后加煤，减负荷时先减煤后减风；燃烧调节时要做到“少量多次”，避免床温大起大落；经常检查给煤机的给煤情况，观察炉火焰颜色，返料器是否正常；排渣时根据料层差及时少放、勤放，锅炉运行人员应注意观察排出的炉渣是否有渣块，排渣结束后认真检查，确认排渣门关闭严密后，方可离开现场。

二、可燃物聚积引发的爆燃事故

锅炉炉膛爆炸事故是在实际运行中比较容易忽视的事故，最重要的是认识到存在这种事故的危险性，针对事故产生的原因，采取正确的启动顺序，同时应采取安全保护设计和反事故措施。可以按下述方式启动锅炉：先启动截止阀风机，然后再启动引风机、一次风机、二次风机。按25%的系统风量吹扫炉膛；调整一次风到点火条件，启动点火风机，投入点火油枪。点火过程中，在保证床料风量小的条件下，适当开启二次风，既可冷却二次风口，又可保证炉膛稀相区有足够通风量，减少和消除烟气滞留区，及时消除可燃物积聚。应建立正确的安全联锁保护系统，即只有床温达到设计煤种的着火温度时，给煤机才允许启动，以防止过早投煤。当启动失败时，必须停止给煤，继续提高床温，适当增加稀相区的风量，以保证炉膛的安全。点火系统必须实现自动化，这样才能与正确的启动方式相适应。点火能量，即燃油量和油枪数，应足以保证点火启动工作在相对较短的时间内完成。

锅炉设计上采取防爆门设计，在事故发生时，防爆门可以及时及早释放爆炸能量，从而实现保护炉膛的目的。也可以采取对炉墙薄弱处进行加固的措施，以增加强度。

由于锅炉启动方式的特殊性，启动过程中操作不当，会发生爆炸事故，应采取正确的运行和必要的反事故措施加以防范。采取启动前吹扫、保证启动中炉膛上部的通风量、从系统上完善点火设备，并配合防爆门炉膛及燃烧器设计，可以预防此类事故发生，并减少事故损失。

三、返料器的堵塞事故

返料装置是循环流化床锅炉的关键部位之一，如果返料器突然停止工作，将会造成炉内循环物料量不足，床温将会急骤上升，难以控制，危及锅炉的正常运行。

1. 一般返料器堵塞的几种情况

（1）流化风量控制不足，造成循环物料大量堆积而堵塞。

（2）返料装置处的循环灰高温结焦。

（3）耐火材料脱落，造成返料器不流化而堵塞。

（4）返料器流化风帽堵塞。

（5）流化风机故障，致使流化风消失。

（6）循环物料含碳量过高，在返料装置内二次燃烧。

（7）立管上的松动风管堵塞或未开。

2. 返料器堵塞的处理方法

（1）适当提高流化风压，以保证返料器内的物料始终处在较好的流化状态，但应注意流化风压不宜太高。

（2）应控制返料的温度，在燃用灰分大、灰熔点低的煤种时应尤其注意。

（3）在实际运行中，返料器中耐火材料的脱落，不但会造成返料器的堵塞，还容易造成返料器外壁及中隔板烧损事故。要解决这个问题就要从耐火材料的施工、烘烤以及运行的日常维护等各个环节入手。

（4）应保证流化风机的稳定运行，以防止流化风消失和风帽堵塞事故的发生。

（5）应尽可能的在炉膛内为煤颗粒的燃烧创建最佳的燃烧环境，以减少循环物料中的含碳量。

（6）应采取措施疏通松动风管或根据料位的高度开动相应的松动风门。

四、冷渣器的堵塞事故

风水冷选择性冷渣器最常见的事故就是冷渣器的堵塞，冷渣器的堵塞会使炉膛床压或料位持续上升，严重威胁锅炉的安全运行。

1. 现象

当排渣风打开时，冷渣器选择仓的床温、床压均不见上升；炉膛内的床压或料位高度无下降趋势。当某个仓室堵塞时，该仓室的床温、床压会不正常地上升。

2. 原因分析

（1）炉膛内有结焦现象，有大的焦块堵塞排渣管。

（2）在整个循环回路中有耐火材料脱落，堵塞排渣管。

（3）排渣风压过低，无法排渣。

（4）炉膛内料位过低，无渣可排。

（5）冷渣器的底部流化风风量或风压过低，造成仓室堵塞或结焦。

（6）排渣量过大，造成渣料无法及时排出冷渣器。

3. 处理方法

（1）对排渣管上的疏通装置进行疏通。

（2）提高排渣风压和风量进行排渣。

（3）在冷渣器内建立起合适的底部流化风，以适应排渣的需要。

（4）实际操作中应严格控制排渣量，以防止冷渣内堵塞和结焦。

（5）当发现冷渣器已经堵塞时，应立即停止排渣，开大冷渣器底部的流化风进行冷却和疏通。

五、某国产 300MW 循环流化床锅炉翻床

1. 现象

（1）两侧风道燃烧器一次风门开度偏差增大，床压升高一侧风门自动开大至 100%，另外一侧风门自动关小。

（2）两侧床压、一次风量偏差增大，一侧明显升高，另一侧明显降低。

（3）两侧风道燃烧器入口一次风量偏差急剧增大，床压升高一侧风量减少，甚至降至0，另一侧风量则增大。

（4）在煤量不变的情况下，主蒸汽压力、温度及机组负荷快速下降。

（5）两侧密相区床温变化率不一致，床压升高一侧床温变化率明显向负向变化，另一侧床温迅速上升并超温。

（6）严重时，一次风机出现喘振现象。

2. 原因分析

（1）风道燃烧器入口一次风量偏差设置有误。风道燃烧器入口一次风量偏差设为往正方向时，左侧的风道燃烧器入口挡板开大，使该侧的一次风量增加，右侧风道燃烧器入口挡板相应减小，一次风量降低；偏差往负方向设定时则与上述过程相反，因此当一次风量设置不合理时，会导致左右侧床压失去平衡而翻床。

（2）左侧或右侧风道燃烧器入口一次风挡板卡涩，在左、右侧床压失去平衡时，卡涩的一侧无法开大和关小挡板开度来调节两床床压的平衡，从而导致翻床。

（3）两床间燃烧工况不均衡，主要表现在两侧床温偏差大，床温高的一侧煤粒进入后着火迅速，燃烧时间短，使得该侧空隙率大，床压较低，而床温低的那一侧煤粒着火慢，燃烧时间长，从而使该侧床压偏高，造成两床床压偏差大而失去稳定，不及时干预就易造成翻床。

（4）压缩空气压力低，造成风道燃烧器入口一次风挡板闭锁调节，从而导致翻床。

（5）煤量偏差大，导致两床床压偏差大而失稳，未及时调整，可能导致翻床。

（6）床压过高，风道燃烧器入口一次风挡板开度过大，超出风门工作特性区域。

（7）一次风压力设定过低或风量设定过大，造成风道燃烧器入口一次风挡板开度过大，超出风门工作特性区域。

（8）热控一次风系统逻辑故障。

3. 处理方法

（1）迅速解除风道燃烧器入口一次风挡板自动，手动进行调整，开大风量小的一侧一次风挡板，关小风量大的一侧一次风挡板，最终以原风量小的一侧风量开始增大并缓慢大于另一侧为止。

（2）如床料彻底翻死，应同时打开床压高一侧风燃器吹扫风门和混合风门，继续提高一次风压力，直至床料重新流化；同时可加大床压高的一侧的二次风压和风量。

（3）当发现一次风挡板不能调节时，立刻检查仪用空压机系统，并提高压缩空气压力，同时通知热控人员检查。

（4）如果翻床前床温较低，翻床后床压高一侧床温下降速度很快，应立即降低给煤量，或停止给煤线运行，同时投入床枪进行助燃。

（5）在过、再热蒸汽温度可控制的情况下，降低床压高一侧外置床流化风量，开大锥形阀。

（6）加强两侧排渣系统运行。

（7）在提高一次风压的同时，适当降低流化风压力，防止因流化风串入回料管，造成回料系统超压爆破。

（8）处理过程中，在提高一次风母管压力时，操作应缓慢，当压力达到 26 kPa 后，每升高 0. 5kPa，停留 30s 钟观察，如没有流化起来，再继续升压，注意升压速度不能太快，风道压力最大不能超过 30kPa，防止风道膨胀节爆破造成事故扩大，如还不能流化起来，则立即停炉处理。

4. 预防措施

（1）发现两侧床压不平衡时，应及时修改偏差设置，在床料层差压波动大或显示不准确时，严禁投入偏差自动。

（2）运行中注意加强床压监视，同时注意监视风燃烧器入口风压力，该压力与床料层差压一般维持在 6~7kPa。

（3）监视两侧风道燃烧器入口一次风挡板，以两侧平均开度不大于 45%为宜。

（4）注意一次风压力、风量设定，风压过高时影响机组经济性，风压过低时容易造成风道燃烧器入口一次风挡板开度过大，失去最佳特性区域。

（5）控制两侧给煤量均衡，当一侧出现单条给煤线掉闸时，应及时调整该侧给煤量维持不变，或及时降低总煤量，保证两侧给煤量偏差小于 15t。

（6）通过调整外置床入口锥形阀开度，以及一次风量、上下二次风配比，控制两侧床温均衡。

（7）加强床压控制，及时进行排渣。

在流化床锅炉运行中，控制好一次风量和风压是防止锅炉翻床的关键，同时运行中应认真调整好煤量和总风量的关系，严格控制床温及床压等运行参数，在调整过程中，严格控制风道燃烧器入口一次风挡板开度大小，保证风门开度在最佳工作区域内，流化床锅炉翻床异常是完全可以避免的，机组的安全运行就可以得到保证。

六、屏式过热器、再热器及旋风分离器过热器的磨损

1. 现象

（1）管子壁厚减薄。

（2）管子爆管泄漏。

2. 原因分析

（1）屏式受热面穿墙管膨胀受阻，产生热应力，造成受热面管屏变形，耐磨浇注料大量脱落。

（2）炉膛内床温变化大，对耐磨材料的影响主要有：

1）由于温度循环波动、热冲击以及机械应力，造成耐磨材料产生裂缝和剥落。

2）由于固体物料对耐磨材料的冲刷而造成耐磨材料的破坏。

（3）烟气流速控制不合理，一、二次风量太大，对耐磨材料起到强烈冲刷及切削作用。

3. 处理方法

(1) 采用在受热面迎风面加装防磨盖板的方法，见图 5-2。

(2) 在易磨损的部位采用耐磨性能高的钢材。

(3) 将省煤器设计成鳍片式。

七、锅炉膨胀不均匀

1. 现象

返料器与炉膛接口处，给煤机和石灰石管道入炉膛口，所有一、二次风进炉膛管道，一、二次风机出口风道处，都存在膨胀不均匀现象。

2. 原因分析

(1) 互相连接的部件在启动或停止过程中膨胀系数不同，产生了巨大的热应力。

(2) 耐火防磨材料与保温材料、金属管道之间的膨胀系数差距比较大，没有合理地布置膨胀缝。耐火防磨材料、保温材料与金属管道的装配方式见图 5-3。

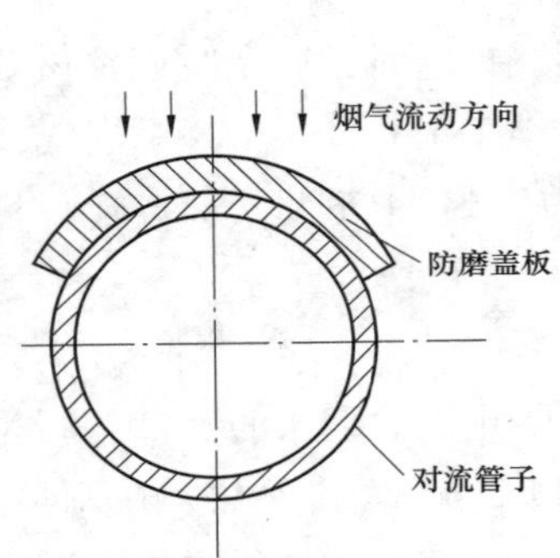

图 5-2　受热面迎风面加装防磨盖板

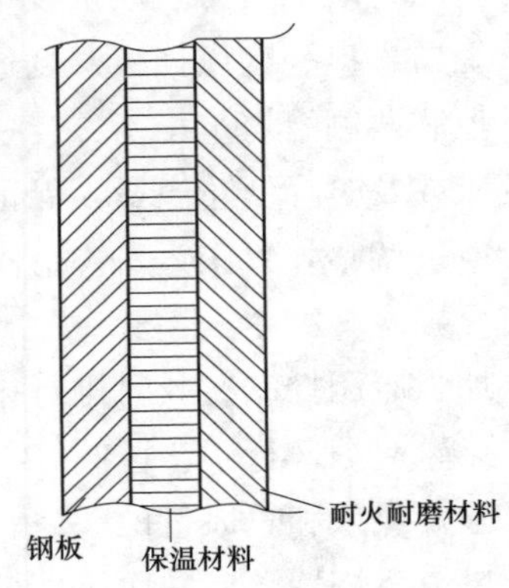

图 5-3　耐火防磨材料、保温材料与金属管道的装配方式

(3) 设计安装时不合理，没有留下足够的余地。

3. 预防措施

(1) 锅炉启动、停运过程中严格控制床温、气温变化率。

(2) 设计安装时避免装设倾斜方向的膨胀补偿器。

(3) 尽量减小耐火耐磨材料和保温材料的厚度。

(4) 采用新型膨胀补偿器。

(5) 炉膛内屏式受热面在安装时上部出口集箱应有一定的活动余地。

(6) 采用汽水旋风分离器。

(7) 旋风分离器整体悬吊。

八、过热器爆管

1. 现象

(1) 过热器附近有响声，不严密处有烟气及蒸汽外冒。

（2）蒸汽流量不正常地小于给水流量。

（3）燃烧室负压异常变小或变大。

（4）过热器损坏侧烟温降低，引风机电流增大。

（5）过热蒸汽温度发生变化。

（6）过热器爆口，见图 5-4。

图 5-4　过热器爆口

2. 原因分析

（1）过热器管内部结垢，局部过热。

（2）过热器处发生二次燃烧。

（3）过热器通汽量不足。

（4）过热器长时间超温运行。

（5）管径设计不合理。

（6）飞灰磨损。

（7）过热器管材料不符合标准，制造安装不良，管内发生气塞、水塞或有杂物堵塞。

3. 预防措施

（1）启动和停运过程中，应及时开启过热器向空排汽门或汽轮机一、二级旁路系统。

（2）做好运行调整工作，使燃烧中心不偏移。

（3）启动时应严格控制升温、升压速度。

（4）控制过热器出口的蒸汽温度低于额定温度。

（5）用减温水调节气温时，选择合适的材料，控制好蒸汽品质。

（6）保持气温在正常范围内，严禁超温运行。

九、锅炉和管道的水冲击

1. 现象

（1）给水管道水击时，给水压力表的指示不稳；蒸汽管道水击时，蒸汽压力表的指示不稳。

(2) 管道内有水击响声，严重时管道振动。

(3) 非沸腾式省煤器水击时，省煤器内有水击响声。

2. 原因分析

(1) 给水压力或给水温度剧烈变化。

(2) 给水管道止回阀动作不正常。

(3) 给水管道或省煤器充水时，没有排尽空气或给水流量过大。

(4) 表面式减温器通水量过小，致使给水汽化。

(5) 锅炉上水过快，水温过高，或蒸汽加热阀开度过大。

(6) 锅炉点火时，蒸汽管道暖管不充分，疏水未排尽。

(7) 蒸汽温度过低或蒸汽带水。

3. 处理方法

(1) 当给水管道发生水击时，可适当关小控制给水的阀门，若不能消除，则改用备用给水管道供水。

(2) 当锅炉给水阀后的给水管道发生水击时，可用先关闭给水阀（开启省煤器与汽包之间的再循环阀），然后再缓慢开启给水阀的方法消除。

(3) 当表面式减温器发生水击时，可先关闭其入门阀，然后再缓慢开启。如果不能消除，可暂时解列减温器。

十、循环流动床锅炉燃烧爆炸事故

燃烧爆炸多发生在点火启动和燃烧操作、调整过程中，在正常运行过程中很少发生燃烧爆炸事故。

1. 燃烧爆炸的基本条件（燃烧爆炸四要素）

(1) 存在大量的可燃气体，如 H_2、CO 等。

(2) 有氧气存在。

(3) 有明火。

(4) 在一个比较密闭或流通不好的容器内。

以上四个条件同时具备才会发生燃烧爆炸。

2. 原因分析

(1) 点火启动过程中的燃烧爆炸。点火过程中有一个挥发分析出、着火燃烧，接着是焦炭的着火燃烧过程。在这个过程中氧量是过剩的。可燃气体燃烧爆炸四要素中有三个要素存在，只要第四个爆炸因素一具备，就有发生燃烧爆炸的可能。

(2) 燃烧调整、操作失误造成的燃烧爆炸事故。

调整燃烧和运行操作过程中操作失误，造成大量燃料进入燃烧室，产生大量可燃气体，当遇空气，并达到可燃气体的爆炸极限时，若有火星存在，爆炸立即发生。

3. 预防措施

(1) 司炉人员须了解燃烧爆炸四要素。

(2) 锅炉燃烧室上部应设计防爆门，减轻燃烧爆炸对设备的损坏。

（3）风室应布置防爆门。

（4）应有健全的点火操作规程、严格的防爆措施。

（5）操作人员应严格按规程操作。

（6）正确处理燃烧过程中的事故，如床料多、熄火等事故，防止燃烧爆炸。

（7）点火时床料中引子煤不要加入过多。达到煤着火温度后，加煤要加加停停，确定加入的煤着火之后，随床温的上升逐渐加大给煤量，防止点火过程中加煤过多，引起爆燃或爆炸。

十一、循环流化床锅炉磨损

1. 原因分析

循环流化床锅炉中高速度、高浓度、高流量的流体或固体颗粒以一定的速度和角度对锅炉受热面和耐火材料的表面进行冲击，会造成锅炉金属部件磨损，加上炉内温度的循环，造成对炉内耐火构件的热冲击，而且耐火构件不同热膨胀系数的材料之间也形成机械压力，这些都加剧了循环流化床锅炉的磨损破坏。

2. 预防措施

（1）应降低风速，减小给煤粒度，确保流场的均匀性；同时，在安装过程中要特别注意烟道的平滑结合，避免因安装原因造成几何尺寸的突缩或突扩，形成烟气走廊。

（2）在安装时，应确保烟气进出口、中心筒、导流设备的安装尺寸满足设计要求；在施工中，应严格控制旋风分离器筒体组合尺寸和焊接变形；在耐火保温内衬施工之前，要检查筒体内壁弧度，对凸凹部分做好记录，在筒体施工时进行调整；对向火面材料的施工，要保证严密度、垂直度以及内壁弧度和表面质量等，以减少受热面的磨损。

（3）定期对循环流化床锅炉进行检修，发现已磨损的部件和材料应及时更换；在水冷壁、落煤口等部位加装防护件。

（4）严格控制金属锚固件的焊接定位、浇注料拌和、浇注振捣、浇注模装设及脱模等施工工艺步骤，不可随意简化修改。

（5）运行期间，应尽量降低循环流化床的流速，以减少水冷壁及各部的磨损。

十二、堵灰

1. 现象

运行中发现料层下降，风室风压下降，则可能出现堵灰现象。

2. 原因分析

（1）物料在循环回路发生结焦，堵塞了通道。

（2）循环回路出现塌落现象，大块异物堵塞通道。

（3）返料风量太小，物料无法回送。

3. 预防措施

（1）防止结焦。

（2）出现堵灰，从返料器灰管放渣，及时排除大渣和异物。放渣时应注意不要把料柱放空。

(3) 根据循环量大小，及时调整返料风，风帽堵塞、返料风室中有落灰等，均会引起返料风量减小，发现此类问题要及时解决。

十三、旋风分离器分离效率下降

1. 现象

高温旋风分离器结构简单，分离效率高，是循环流化床锅炉应用最广泛的一种气固分离装置。影响高温旋风分离器分离效率的因素很多，如分离器形状、结构、进口风速，烟温，燃料颗粒浓度与粒径等。

2. 原因分析

(1) 分离器内壁严重磨损、塌落，从而改变了其基本形状。

(2) 分离器有密封不严处，导致空气漏入，产生二次携带。

(3) 床层流化速度低，循环灰量少且细，分离效率下降。

3. 预防措施

(1) 检查是否漏风、窜气，如有，则应解决漏风和窜气问题。

(2) 检查分离器内壁磨损情况，若磨损严重，则需修补。

(3) 检查燃煤粒度和流化风量，应使流化风量与燃煤粒度相适应，以保证一定的循环物料量。

十四、回料阀烟气反窜

回料阀属自动调整型非机械阀，是目前循环流化床锅炉中应用比较广泛的一种物料回送装置，是物料循环系统的关键部件。

1. 回料阀作用

回料阀的作用是把循环灰由压力较低的分离器灰出口输送到压力较高的燃烧室；防止燃烧室烟气反窜进入分离器。

2. 原因分析

(1) 回料阀立管料柱太低，不足以形成料封，被返料风吹透。

(2) 返料风调节不当，使立管料柱流化。

(3) 返料器流通截面积较大，循环灰量过少，燃烧室烟气会吹进返料器。

3. 预防措施

(1) 设计时应保证一定的立管高度，返料器流通截面积应根据循环灰量适当选取。

(2) 对小容量锅炉，因立管较短，应注意启动和运行中对回料阀的操作：一是锅炉点火前，返料风关闭，因料阀及立管内要充填细循环灰，形成料封；二是点火投煤稳燃后，等待分离器下部积累一定的循环灰后，缓慢开启返料风，注意立管内料柱的流化状态；三是正常循环后，返料风一般不需调整；四是压火后热启动时，应先检查确定立管和回料阀内物料足以形成料封。总之，回料阀操作的关键是保证立管的密封，保证立管内有足够的料柱能够维持正常循环。

（3）对大容量锅炉，立管一般有足够高度，但应注意返料风量的调节，发现烟气反窜时可关闭返料风，待返料器内积存一定循环灰后，再小心开启返料风，并调整至适当大小。

十五、汽包发生爆破、产生裂纹

1. 原因分析

（1）设计结构不良。

1）开孔内壁为尖锐边角，特别是直径大于或等于159mm的大孔，造成结构不连续，在开孔内壁边缘上应力集中系数较大，实际应力为名义应力的2.5倍，如果制造中圆度超差（直径2/1000），则实际应力可达名义应力的4倍，加上国产汽包大管孔内部是尖锐边角，这些地方很容易产生裂纹，在受压后裂纹扩展。

2）在汽包内部的大孔及焊缝边缘上焊接支撑固定件，使局部应力集中过大。

3）大直径下降管接头结构不良。目前国内采用的下降管接头结构有多种，裂纹大多出现在插入式K形焊缝上。这种结构虽然工艺简单，抗疲劳寿命长，但因刚性大，产生约束应力而引起裂纹。如果采用马鞍式下降管接头，因焊缝刚性小，不易产生裂纹。

（2）制造工艺不佳。

1）焊缝咬边、未焊透，使局部应力集中，残余应力高，一般是热处理过程中出现再热裂纹的裂源。

2）筒身失圆度过大，可使开孔区应力增加到一次模应力的4倍。标准规定，失圆度应小于2%。

3）焊接热处理不当，产生再热应力。

4）选用材质不当。

（3）水压试验温度过低。

（4）启动升温速度过快。控制锅炉启动升温速度。实际上也就是控制汽包上、下部和内、外部温差，对于定压额定负荷运行的锅炉，应控制其温差小于40~50℃。

（5）产生八字裂纹的原因。双焊丝未作往复摆动，加之坡口较小，熔池中心和边缘熔池深度差较大，位于焊丝下面的电渣焊温度较高，一些低熔点共晶化合物很容易聚集。氧化夹杂物未能顺利上浮，残存在枝晶间，破坏了金属的连续性形成，薄弱面在焊缝的收缩应力下，沿枝晶间的夹杂物薄弱带开裂。在焊缝下30~60mm处，由于受三方面应力的叠加作用，成为应力最大部位，因此八字裂纹比较密集。

（6）汽包内部预焊件焊缝产生裂纹的原因。汽包内部预焊件裂纹发生在熔合线和焊缝上，其特征是冷裂纹（延迟裂纹）。裂纹产生的原因是氢裂，潜伏期1~10h，有的几天后才发生。

影响因素主要有：

1）低合金高强度钢对冷裂纹敏感，在熔合线上形成淬硬，形成冷裂纹。

2）焊缝中存在着足够的氢浓度。

3）未预热，而且由于有咬边、断弧等而产生残余应力。

4）膨胀系数：奥氏体钢为碳钢的1.42~1.55倍。

2. 预防措施

（1）大直径下降管接头不采用插入式（K形焊缝）。对于20号钢的高、中压汽包可继续采用插入式，但应严格按焊接技术规范操作，确保焊接质量。

（2）汽包内直径大于159mm的管孔内缘，均应设计半径大于或等于15mm的圆角，不允许有尖锐边角。

（3）汽包内大直径下降管孔边上严禁焊接支撑固定件，汽包内部设备预焊件距大直径下降管焊缝应大于50mm，以免应力集中急剧增大。

（4）水压试验时，应保证汽包壁温大于材料的脆性转变点温度加70℃。对于采用BHW38钢制造的670t/h锅炉，建议壁温为50℃。

（5）汽包内预焊件应在整体热处理前焊接。

（6）汽包失圆度应小于或等于2%。

（7）研制新的焊条。

（8）制定合理的焊接工艺规范。

（9）启动升温速度应不大于4℃/min，在压力小于1.0MPa时应为2~3℃/min；压力升至1.0MPa后为3~4℃/min。停炉降温速度应为1.1~2℃/min。

十六、锅炉主、再热蒸汽压力异常

1. 现象

（1）主蒸汽压力偏离变压运行的设定压力，再热蒸汽压力偏离当前负荷对应的正常值。

（2）主蒸汽压力偏差高（或低）报警。

（3）机组负荷短时大于（或小于）设定值。

（4）主、再热蒸汽压力高于安全门（包括PCV）整定压力时，安全门动作。

（5）主、再热蒸汽安全门，高、低压旁路就地有泄漏声，高、低压旁路减温器后温度高或高、低压旁路减温水门开启。

（6）主蒸汽流量不正常地低于给水流量，锅炉泄漏检测装置报警。

2. 原因分析

（1）燃料或给水量控制异常。

（2）主机主汽门、调门异常动作。

（3）机组突然甩负荷。

（4）主蒸汽安全门、PCV阀误动开启或严重内漏，造成主蒸汽压力低。

（5）高压旁路误开或严重内漏，造成主蒸汽压力低。

（6）主、再热蒸汽系统严重泄漏。

（7）抽汽系统异常。

3. 处理方法

（1）机组切至汽轮机跟踪方式（turbine follow，TF）运行，即当需要增加发电机出力时，自动系统首先给锅炉系统发指令，要求增加煤量、燃烧用空气量等，从而使主蒸汽压力升高，此时，汽轮机系统跟踪主蒸汽压力信号，增大调门开度，使主蒸汽压力维持在规定值。根据机组负荷，手动改变燃料量或给水量，密切监视分离器出口温度、燃水比、主蒸汽温度，待锅炉操作稳定后，查明原因后并处理后将燃料或给水切至自动。

（2）PCV 阀误动，将 PCV 阀切至关闭位，安全门误动应联系检修处理；处理无效应作故障停炉。

（3）高、低压旁路误开，造成主蒸汽压力低时，应立即进行手动关闭，如高压旁路关闭无效或内漏严重，则关其隔绝门。

（4）主、再热汽门、调门动作异常时，应切至锅炉跟踪方式（boiler follow，BF）或手动方式，联系检修人员进行处理。

（5）主、再热蒸汽系统严重泄漏，按过热器或再热器损坏进行处理。

（6）抽汽系统异常，按加热器事故进行处理。

十七、锅炉主蒸汽温度异常

1. 现象

（1）主蒸汽温度高于 548℃或低于 538℃，控制站监视器上参数超限指示。

（2）主蒸汽温度高或低报警。

（3）一、二级减温水调节门全开或全关。

2. 原因分析

（1）燃水比失调。

（2）过热器减温水控制失灵，使减温水流量异常减小或增大。

（3）高压加热器投停，引起给水温度变化。

（4）总风量异常或炉底水封失去。

（5）锅炉严重结焦或积灰，或在此情况下进行吹灰。

（6）燃料结构或燃烧工况变化。

（7）主蒸汽系统受热面或管道严重泄漏。

（8）过热器处发生可燃物再燃烧。

3. 处理方法

（1）改变燃料量或给水量，根据分离器出口温度控制燃水比在合理范围内。

（2）过热器减温水自动控制失灵时，应切至手动控制。

（3）调整风量和燃烧工况。

（4）炉底水封失去时，应适当降低风量、炉膛负压及燃烧器摆角，尽快恢复炉底水封。

（5）根据锅炉结焦或积灰情况，加强受热面吹灰，在锅炉严重结焦或积灰情况下吹灰应控制投运吹灰枪的数量。

（6）若汽温高是由于受热面泄漏、爆破或烟道内可燃物再燃烧引起，除按汽温过高处理外，还应分别按相应规定处理。

（7）经处理后如主热器温度仍无法控制，过热器金属壁温高报警后仍继续升高，则应申请停炉；主蒸汽温度升高至572℃，锅炉主燃料跳闸（main fuel trip，MFT），否则应手动执行；主蒸汽温度低，应开大调速汽阀的开度，增加主蒸汽的进汽量。

十八、锅炉再热蒸汽温度异常

1. 现象

（1）再热蒸汽温度高于574℃或低于564℃，控制站监视器上参数超限指示。

（2）再热蒸汽温度高或低报警。

（3）燃烧器摆角在极限位置，再热器减温水全开或全关。

2. 原因分析

（1）燃烧器摆动机构动作失灵，再热器减温水调门故障。

（2）锅炉严重结焦、积灰或在此情况下进行吹灰。

（3）燃料结构或燃烧工况变化。

（4）再热系统受热面、管道严重泄漏。

（5）再热器处发生可燃物再燃烧。

（6）总风量异常、炉底水封失去。

（7）燃烧器损坏、炉前风门挡板故障或炉膛配风不合理。

3. 处理方法

（1）再热器减温水或燃烧器摆角自动调节不正常时，应立即将其切至手动，手操调节使之恢复正常。

（2）调整风量、燃烧、炉膛配风，恢复燃水比。

（3）如炉底水封失去，应适当降低炉膛负压、总风量、燃烧器摆角，尽快恢复炉底水封。

（4）当锅炉严重结焦、积灰，造成再热蒸汽温度异常时，应及时进行本体吹灰，在吹灰时适当控制吹灰器的数量。

（5）经处理后如再热器温度仍无法控制，再热器金属壁温高报警后仍继续升高，则应申请停炉；再热蒸汽温度升高至598℃，锅炉应MFT，否则应手动执行；再热蒸汽温度低应按汽机规程处理。

（6）应将故障的燃烧器摆动执行机构、减温水阀门、炉前风门挡板、燃烧器交付检修人员处理。

十九、过、再热器管壁超温

1. 现象

（1）过、再热器管壁金属温度高于正常值。

（2）过、再热器管壁金属温度存在偏差。

2. 原因分析

（1）制粉系统运行方式不合理，炉膛热负荷不均或设计不当，部分吹灰器损坏；管屏积灰不一致，管屏间距支撑或管卡损坏，造成管屏或部分管子出列；炉膛严重结焦，造成过、再热器产生热偏差。

（2）过、再热器管内结垢，造成管壁超温。

（3）过、再热器管内杂物堵塞或焊口错位，造成通流量低。

（4）主、再热蒸汽温度超温运行，造成管壁超温。

3. 处理方法

（1）尽量维持制粉系统正常运行，如部分制粉系统经检修后仍不能投入运行，应通过调整配风和各制粉系统的出力使炉膛热负荷趋于均匀，如经过调整仍不能使金属温度降至正常值以下，则应降低过热器、再热蒸汽温度运行。

（2）根据烟温偏差情况，适当调整 SOFA 燃烧器水平方向的角度。

（3）加强锅炉本体吹灰，若吹灰器损坏，应及时处理投入运行。

（4）加强化学监督，如锅炉运行时间长，过、再热器管内积盐严重，应降低主、再热蒸汽温度运行，并尽早安排锅炉酸洗。

（5）如部分过、再热器管壁超温，应适当降低蒸汽温度运行，并在锅炉停炉时安排割管检查。

（6）调整主、再热蒸汽温度至正常范围。

二十、尾部烟道二次燃烧

1. 现象

（1）烟道、省煤器出口及空气预热器进、出口烟气温度不正常升高。

（2）一、二次热风温度不正常升高。

（3）空气预热器二次燃烧有热点监测报警，并且空气预热器入口烟气温度和出口热风温度差降低，甚至为负值。

（4）炉膛和烟道压力急剧波动，烟道差压增大。

（5）再燃烧处相应的受热面工质温度不正常升高。

（6）再燃烧处附近人孔、检查孔、吹灰孔等不严密处向外冒烟和火星，烟道、省煤器或空气预热器灰斗、空气预热器壳体可能会过热烧红，再燃烧处附近有较强热辐射感。

（7）烟囱冒黑烟，引风机轴承温度升高。

（8）如空气预热器再燃烧，空气预热器火灾报警装置将报警。

2. 原因分析

（1）燃烧调整不当、风量不足或配风不合理。

（2）长时间低负荷运行或启、停过程中燃烧不良。

（3）燃烧器运行不正常，煤粉细度过粗，并长期超过标准。

（4）炉膛负压大，使未完全燃尽的燃料被带入烟道。

（5）燃油时，油枪雾化不良、油枪喷嘴脱落或配风不合理。

3. 处理方法

（1）发现烟道内受热面的金属温度及工质温度不正常升高时，应立即查明原因，并进行燃烧调整，改变不正常的燃烧方式，对受热面进行吹灰，及时消除可燃物在烟道内再燃烧的苗子。

（2）锅炉运行中发生尾部烟道再燃烧，空气预热器出口烟温不正常升高超过200℃，应作紧急停炉处理。停炉后继续保持空气预热器运行，并立即停运所有送风机和引风机，关闭各风门、挡板及门孔，严禁通风，根据再燃烧部位，决定是否要进行小流量进水冷却省煤器。

（3）强制投入再燃烧区域的吹灰器进行灭火。

（4）如果空气预热器受热面再燃烧，空气预热器能正常运行，则应提升扇形密封板，必要时联系检修人员将所有密封装置缩回，保持空气预热器正常运行；如果空气预热器发生卡涩，主驱动电动机和辅助驱动电动机跳闸，除提升扇形密封板，必要时联系检修人员缩回所有密封装置外，还应联系检修人员连续手动盘动空气预热器转子。投入空气预热器蒸汽吹灰进行灭火，必要时投入空气预热器清洗水、消防水进行灭火。

（5）各人孔和检查孔不再有烟气和火星冒出后，停止蒸汽吹灰或消防水。打开人孔和检查孔检查确认再燃烧熄灭后，开启烟道排水门排尽烟道内的积水后，开启烟风挡板进行通风冷却。

（6）炉膛经过全面冷却，进入再燃烧处检查确认设备无损坏，受热面积聚的可燃物彻底清理干净后，方可重新启动锅炉。

二十一、锅炉满水

1. 现象

（1）水位报警发出水位高信号，汽包就地水位计及低地水位计高于正常水位。

（2）蒸汽含盐量增大。

（3）给水流量不正常地大于蒸汽流量。

（4）过热蒸汽温度急剧下降，主蒸汽管道法兰处有汽水冒出，蒸汽管道内发生水冲击。

2. 原因分析

（1）运行人员疏忽大意，对水位监视不严，误判断，致使操作错误。

（2）水位计、蒸汽流量表或给水流量表指示不正确或失灵，使运行人员误判断。

（3）给水自动调节装置失灵或给水调节门有故障，发现后处理不及时。

（4）外界或锅炉燃烧发生故障而未及时调整水位。

（5）锅炉负荷增加太快。

（6）给水压力突然升高。

3. 处理方法

（1）当汽包水位计超过+50mm时，应将给水自动调节改为手动操作，关小给水门，减少给水流量。

（2）当水位超过+100mm 时，应开启事故放水门进行放水。

（3）注意保持汽温，根据汽温下降情况，及时关小减温水门；汽温急剧下降到480℃时，开启过热器及主汽门前疏水，并通知厂调度人员。

（4）若水位无明显下降，应检查给水系统阀门是否有故障，事故放水门是否打开，必要时应检查就地水位计和各低地水位计指示的正确性，加强对汽包水位的监视，立即倒换给水管路或加开定排放水门进行放水。当水位降至+50mm 时，停止放水，向厂调度人员汇报恢复锅炉运行。

（5）如经采取上述措施，水位仍然上升至超过上部可见部分时，应立即停炉，关闭给水门，开启省煤器再循环门，并开启过滤器及主汽门前疏水，加强放水，故障消除后，尽快恢复锅炉机组运行。

（6）在停炉过程中，当水位已明显下降，蒸汽温度又明显降低时，可维持锅炉继续运行，尽快使水位恢复正常。

（7）停炉后，引、送风机可继续运行，迅速查明原因，待水位恢复正常后，向厂调度人员请示，重新点火（若 5min 内不能达到点火条件，必须停引、送风机，待水位恢复正常后，重新点火）。

（8）由于锅炉负荷骤增而造成水位升高时，应暂缓增加负荷。

（9）因给水压力异常升高而引起汽包水位升高时，应与调度人员联系，尽快将水压恢复正常。

（10）锅炉满水后如在短时间内不能恢复，应停引、送风机运行，向厂调度人员汇报。

二十二、锅炉缺水

1. 现象

（1）水位报警发出水位低信号，汽包水位低于正常水位，水位指示负值异常增大。

（2）严重缺水时，汽温升高。

（3）给水流量不正常地小于蒸汽流量（炉管爆破则相反）。

2. 原因分析

（1）给水自动调节装置失灵，发现处理不及时。

（2）低地水位计、蒸汽流量表或给水流量表指示不正确，使运行人员误判断而操作错误。

（3）给水管路、给水泵发生故障或锅炉负荷增加，调整不当，发生抢水，使给水压力降低。

（4）锅炉排污门泄漏或排污时没有及时调整。

（5）水冷壁、省煤器爆管或泄漏。

（6）运行人员疏忽大意，对水位监视不够、调整不及时或误操作。

（7）事故放水门关不严。

（8）锅炉负荷骤减。

3. 处理方法

（1）当锅炉汽压及给水压力正常，而汽包水位低于正常水位-50mm时，应采取下列措施：

1）验证低地水位计的指示正确性，当对其有怀疑时，应与汽包就地水位计对照，必要时还应冲洗水位计。

2）当因给水自动调节器失灵而造成水位降低时，应手动开大调整门，增加给水。

3）当用主给水管调整门不能增加给水时，应投入附给水管路，增加给水。

（2）当经上述处理后，汽包水位仍下降，且降至-100mm时，除应继续增加给水外，尚须关闭所有排污门及放水门，必要时可适当降低锅炉蒸发量，并通知厂调度人员。

（3）如汽包水位继续下降，且在汽包水位计下部可见部分，则须立即停炉，关闭主汽门，继续向锅炉上水至-100mm时重新点火。

（4）由于运行人员疏忽大意，使水位在汽包就地水位计中消失，且未能及时发现，当根据低地水位计的指示判断缺水时，须立即停炉，关闭主汽门及给水门，并按下列规定处理：

1）进行汽包就地水位计的叫水。

2）经叫水后，水位在汽包就地水位计中出现时，可增加锅炉给水，并注意恢复水位。

3）经叫水后，水位未能在汽包就地水位计中出现时，严禁向锅炉上水，并向班长及厂调度人员汇报。

4）当给水压力降低时，应立即通知厂调度人员联系给水泵值班人员提高给水压力，当给水压力迟迟不能恢复，且使汽包水位降低时，应降低锅炉蒸发量以维持水位。在给水流量小于蒸发量时，严禁用增加锅炉蒸发量的方法来提高汽包水位。

4. 锅炉叫水程序

（1）开启汽包就地水位计的放水阀。

（2）关闭汽阀，关闭平衡水阀。

（3）关闭放水阀，注意水位是否在水位计中出现。

（4）叫水后，开启汽阀，恢复水位计的运行。叫水时，先进行水位计水部分的放水是必要的，否则可能由于水管存水而造成错误判断。

二十三、汽水共腾

1. 现象

（1）汽温急剧下降。

（2）汽包水位同时剧烈波动，严重时，汽包就地水位计看不清水位。

（3）严重时，在蒸汽管道内发生水冲击，法兰接合处向外冒汽。

（4）饱和蒸汽盐量值增大和炉水盐量值增大。

2. 原因分析

（1）炉水品质不合格，悬浮物含量或含盐量过大。

（2）锅炉负荷突增或变化过大。

（3）并汽时，点炉的压力高于母管压力。

（4）汽水分离设备有缺陷。

（5）水位过高，未按规定进行排污。

3. 处理方法

（1）降低锅炉负荷，并保持稳定。

（2）将给水自动调节改为手动调节，根据水位情况，调整给水量，并加大连续排污，开启事故放水或下降管排污门，保持低水位-50mm运行。

（3）注意保持汽温。关闭或关小减温水，适当提高火焰中心。当汽温低于500℃时，应开启过热器疏水；低于480℃时，通知厂调度人员开启蒸汽母管疏水及主汽门前疏水。

（4）通知化水值班员，停止加药，取炉水样品进行分析，并按分析结果进行排污，采取措施，改善炉水质量。

（5）在炉水质量改善之前，应降低和保持稳定负荷，不允许增加负荷；待正常后，逐渐恢复运行，关闭各疏水及放水门，增加锅炉负荷。

（6）故障消除后，应冲洗汽包就地水位计。

二十四、锅炉水位不明的处理

（1）汽包就地水位计看不到水位，用低地水位计又难以判明时，应立即停炉，并停止上水。

（2）停炉后，利用汽包就地水位计按下列程序查明水位：

1）缓慢开启放水门，注意观察水位，水位计中水位线下降，表示轻微满水；若看不到水位，则关闭汽阀，使水侧管路部分得到冲洗。

2）缓慢开启放水阀，注意观察水位计，水位计中水位线下降，表示轻微满水。缓慢关闭放水阀，注意观察水位计，水位计中水位线上升，表示轻微缺水；如仍不见水位，关闭水阀，再开启放水阀，水位计中水位线下降，表示严重满水；无水位线出现，则表示严重缺水。

（3）查明后，将水位计恢复运行。向厂调度人员请示是否重新点炉。

中华人民共和国特种设备安全法

第一章　总　　则

第一条　为了加强特种设备安全工作，预防特种设备事故，保障人身和财产安全，促进经济社会发展，制定本法。

第二条　特种设备的生产（包括设计、制造、安装、改造、修理）、经营、使用、检验、检测和特种设备安全的监督管理，适用本法。

本法所称特种设备，是指对人身和财产安全有较大危险性的锅炉、压力容器（含气瓶）、压力管道、电梯、起重机械、客运索道、大型游乐设施、场（厂）内专用机动车辆，以及法律、行政法规规定适用本法的其他特种设备。

国家对特种设备实行目录管理。特种设备目录由国务院负责特种设备安全监督管理的部门制定，报国务院批准后执行。

第三条　特种设备安全工作应当坚持安全第一、预防为主、节能环保、综合治理的原则。

第四条　国家对特种设备的生产、经营、使用，实施分类的、全过程的安全监督管理。

第五条　国务院负责特种设备安全监督管理的部门对全国特种设备安全实施监督管理。县级以上地方各级人民政府负责特种设备安全监督管理的部门对本行政区域内特种设备安全实施监督管理。

第六条　国务院和地方各级人民政府应当加强对特种设备安全工作的领导，督促各有关部门依法履行监督管理职责。

县级以上地方各级人民政府应当建立协调机制，及时协调、解决特种设备安全监督管理中存在的问题。

第七条　特种设备生产、经营、使用单位应当遵守本法和其他有关法律、法规，建立、健全特种设备安全和节能责任制度，加强特种设备安全和节能管理，确保特种设备生产、经营、使用安全，符合节能要求。

第八条　特种设备生产、经营、使用、检验、检测应当遵守有关特种设备安全技术规范及相关标准。

特种设备安全技术规范由国务院负责特种设备安全监督管理的部门制定。

第九条　特种设备行业协会应当加强行业自律，推进行业诚信体系建设，提高特种设备安全管理水平。

第十条　国家支持有关特种设备安全的科学技术研究，鼓励先进技术和先进管理方法的推广应用，对做出突出贡献的单位和个人给予奖励。

第十一条　负责特种设备安全监督管理的部门应当加强特种设备安全宣传教育，普及特种设备安全知识，增强社会公众的特种设备安全意识。

第十二条　任何单位和个人有权向负责特种设备安全监督管理的部门和有关部门举报涉及特种设备安全的违法行为，接到举报的部门应当及时处理。

第二章　生产、经营、使用

第一节　一般规定

第十三条　特种设备生产、经营、使用单位及其主要负责人对其生产、经营、使用的特种设备安全负责。

特种设备生产、经营、使用单位应当按照国家有关规定配备特种设备安全管理人员、检测人员和作业人员，并对其进行必要的安全教育和技能培训。

第十四条　特种设备安全管理人员、检测人员和作业人员应当按照国家有关规定取得相应资格，方可从事相关工作。特种设备安全管理人员、检测人员和作业人员应当严格执行安全技术规范和管理制度，保证特种设备安全。

第十五条　特种设备生产、经营、使用单位对其生产、经营、使用的特种设备应当进行自行检测和维护保养，对国家规定实行检验的特种设备应当及时申报并接受检验。

第十六条　特种设备采用新材料、新技术、新工艺，与安全技术规范的要求不一致，或者安全技术规范未作要求、可能对安全性能有重大影响的，应当向国务院负责特种设备安全监督管理的部门申报，由国务院负责特种设备安全监督管理的部门及时委托安全技术咨询机构或者相关专业机构进行技术评审，评审结果经国务院负责特种设备安全监督管理的部门批准，方可投入生产、使用。

国务院负责特种设备安全监督管理的部门应当将允许使用的新材料、新技术、新工艺的有关技术要求，及时纳入安全技术规范。

第十七条　国家鼓励投保特种设备安全责任保险。

第二节　生产

第十八条　国家按照分类监督管理的原则对特种设备生产实行许可制度。特种设备生产单位应当具备下列条件，并经负责特种设备安全监督管理的部门许可，方可从事生产活动：

（一）有与生产相适应的专业技术人员；

（二）有与生产相适应的设备、设施和工作场所；

（三）有健全的质量保证、安全管理和岗位责任等制度。

第十九条　特种设备生产单位应当保证特种设备生产符合安全技术规范及相关标准的要求，对其生产的特种设备的安全性能负责。不得生产不符合安全性能要求和能效指标以及国家明令淘汰的特种设备。

第二十条　锅炉、气瓶、氧舱、客运索道、大型游乐设施的设计文件，应当经负责特种设备安全监督管理的部门核准的检验机构鉴定，方可用于制造。

特种设备产品、部件或者试制的特种设备新产品、新部件以及特种设备采用的新材料，按照安全技术规范的要求需要通过型式试验进行安全性验证的，应当经负责特种设备安全监督管理的部门核准的检验机构进行型式试验。

第二十一条 特种设备出厂时，应当随附安全技术规范要求的设计文件、产品质量合格证明、安装及使用维护保养说明、监督检验证明等相关技术资料和文件，并在特种设备显著位置设置产品铭牌、安全警示标志及其说明。

第二十二条 电梯的安装、改造、修理，必须由电梯制造单位或者其委托的依照本法取得相应许可的单位进行。电梯制造单位委托其他单位进行电梯安装、改造、修理的，应当对其安装、改造、修理进行安全指导和监控，并按照安全技术规范的要求进行校验和调试。电梯制造单位对电梯安全性能负责。

第二十三条 特种设备安装、改造、修理的施工单位应当在施工前将拟进行的特种设备安装、改造、修理情况书面告知直辖市或者设区的市级人民政府负责特种设备安全监督管理的部门。

第二十四条 特种设备安装、改造、修理竣工后，安装、改造、修理的施工单位应当在验收后三十日内将相关技术资料和文件移交特种设备使用单位。特种设备使用单位应当将其存入该特种设备的安全技术档案。

第二十五条 锅炉、压力容器、压力管道元件等特种设备的制造过程和锅炉、压力容器、压力管道、电梯、起重机械、客运索道、大型游乐设施的安装、改造、重大修理过程，应当经特种设备检验机构按照安全技术规范的要求进行监督检验；未经监督检验或者监督检验不合格的，不得出厂或者交付使用。

第二十六条 国家建立缺陷特种设备召回制度。因生产原因造成特种设备存在危及安全的同一性缺陷的，特种设备生产单位应当立即停止生产，主动召回。

国务院负责特种设备安全监督管理的部门发现特种设备存在应当召回而未召回的情形时，应当责令特种设备生产单位召回。

第三节 经营

第二十七条 特种设备销售单位销售的特种设备，应当符合安全技术规范及相关标准的要求，其设计文件、产品质量合格证明、安装及使用维护保养说明、监督检验证明等相关技术资料和文件应当齐全。

特种设备销售单位应当建立特种设备检查验收和销售记录制度。

禁止销售未取得许可生产的特种设备，未经检验和检验不合格的特种设备，或者国家明令淘汰和已经报废的特种设备。

第二十八条 特种设备出租单位不得出租未取得许可生产的特种设备或者国家明令淘汰和已经报废的特种设备，以及未按照安全技术规范的要求进行维护保养和未经检验或者检验不合格的特种设备。

第二十九条 特种设备在出租期间的使用管理和维护保养义务由特种设备出租单位承担，法律另有规定或者当事人另有约定的除外。

第三十条 进口的特种设备应当符合我国安全技术规范的要求，并经检验合格；需要取得我国特种设备生产许可的，应当取得许可。

进口特种设备随附的技术资料和文件应当符合本法第二十一条的规定，其安装及使用维护保养说明、产品铭牌、安全警示标志及其说明应当采用中文。

特种设备的进出口检验，应当遵守有关进出口商品检验的法律、行政法规。

第三十一条　进口特种设备，应当向进口地负责特种设备安全监督管理的部门履行提前告知义务。

第四节　使用

第三十二条　特种设备使用单位应当使用取得许可生产并经检验合格的特种设备。

禁止使用国家明令淘汰和已经报废的特种设备。

第三十三条　特种设备使用单位应当在特种设备投入使用前或者投入使用后三十日内，向负责特种设备安全监督管理的部门办理使用登记，取得使用登记证书。登记标志应当置于该特种设备的显著位置。

第三十四条　特种设备使用单位应当建立岗位责任、隐患治理、应急救援等安全管理制度，制定操作规程，保证特种设备安全运行。

第三十五条　特种设备使用单位应当建立特种设备安全技术档案。安全技术档案应当包括以下内容：

（一）特种设备的设计文件、产品质量合格证明、安装及使用维护保养说明、监督检验证明等相关技术资料和文件；

（二）特种设备的定期检验和定期自行检查记录；

（三）特种设备的日常使用状况记录；

（四）特种设备及其附属仪器仪表的维护保养记录；

（五）特种设备的运行故障和事故记录。

第三十六条　电梯、客运索道、大型游乐设施等为公众提供服务的特种设备的运营使用单位，应当对特种设备的使用安全负责，设置特种设备安全管理机构或者配备专职的特种设备安全管理人员；其他特种设备使用单位，应当根据情况设置特种设备安全管理机构或者配备专职、兼职的特种设备安全管理人员。

第三十七条　特种设备的使用应当具有规定的安全距离、安全防护措施。

与特种设备安全相关的建筑物、附属设施，应当符合有关法律、行政法规的规定。

第三十八条　特种设备属于共有的，共有人可以委托物业服务单位或者其他管理人管理特种设备，受托人履行本法规定的特种设备使用单位的义务，承担相应责任。共有人未委托的，由共有人或者实际管理人履行管理义务，承担相应责任。

第三十九条　特种设备使用单位应当对其使用的特种设备进行经常性维护保养和定期自行检查，并作出记录。

特种设备使用单位应当对其使用的特种设备的安全附件、安全保护装置进行定期校验、检修，并作出记录。

第四十条　特种设备使用单位应当按照安全技术规范的要求，在检验合格有效期届满前一个月向特种设备检验机构提出定期检验要求。

特种设备检验机构接到定期检验要求后，应当按照安全技术规范的要求及时进行安全性能检验。特种设备使用单位应当将定期检验标志置于该特种设备的显著位置。

未经定期检验或者检验不合格的特种设备，不得继续使用。

第四十一条 特种设备安全管理人员应当对特种设备使用状况进行经常性检查，发现问题应当立即处理；情况紧急时，可以决定停止使用特种设备并及时报告本单位有关负责人。

特种设备作业人员在作业过程中发现事故隐患或者其他不安全因素，应当立即向特种设备安全管理人员和单位有关负责人报告；特种设备运行不正常时，特种设备作业人员应当按照操作规程采取有效措施保证安全。

第四十二条 特种设备出现故障或者发生异常情况，特种设备使用单位应当对其进行全面检查，消除事故隐患，方可继续使用。

第四十三条 客运索道、大型游乐设施在每日投入使用前，其运营使用单位应当进行试运行和例行安全检查，并对安全附件和安全保护装置进行检查确认。

电梯、客运索道、大型游乐设施的运营使用单位应当将电梯、客运索道、大型游乐设施的安全使用说明、安全注意事项和警示标志置于易于为乘客注意的显著位置。

公众乘坐或者操作电梯、客运索道、大型游乐设施，应当遵守安全使用说明和安全注意事项的要求，服从有关工作人员的管理和指挥；遇有运行不正常时，应当按照安全指引，有序撤离。

第四十四条 锅炉使用单位应当按照安全技术规范的要求进行锅炉水（介）质处理，并接受特种设备检验机构的定期检验。

从事锅炉清洗，应当按照安全技术规范的要求进行，并接受特种设备检验机构的监督检验。

第四十五条 电梯的维护保养应当由电梯制造单位或者依照本法取得许可的安装、改造、修理单位进行。

电梯的维护保养单位应当在维护保养中严格执行安全技术规范的要求，保证其维护保养的电梯的安全性能，并负责落实现场安全防护措施，保证施工安全。

电梯的维护保养单位应当对其维护保养的电梯的安全性能负责；接到故障通知后，应当立即赶赴现场，并采取必要的应急救援措施。

第四十六条 电梯投入使用后，电梯制造单位应当对其制造的电梯的安全运行情况进行跟踪调查和了解，对电梯的维护保养单位或者使用单位在维护保养和安全运行方面存在的问题，提出改进建议，并提供必要的技术帮助；发现电梯存在严重事故隐患时，应当及时告知电梯使用单位，并向负责特种设备安全监督管理的部门报告。电梯制造单位对调查和了解的情况，应当作出记录。

第四十七条 特种设备进行改造、修理，按照规定需要变更使用登记的，应当办理变更登记，方可继续使用。

第四十八条 特种设备存在严重事故隐患，无改造、修理价值，或者达到安全技术规范规定的其他报废条件的，特种设备使用单位应当依法履行报废义务，采取必要措施消除该特种设备的使用功能，并向原登记的负责特种设备安全监督管理的部门办理使用登记证书注销手续。

前款规定报废条件以外的特种设备，达到设计使用年限可以继续使用的，应当按照安全技术规范的要求通过检验或者安全评估，并办理使用登记证书变更，方可继续使用。允许继续使用的，应当采取加强检验、检测和维护保养等措施，确保使用安全。

第四十九条　移动式压力容器、气瓶充装单位，应当具备下列条件，并经负责特种设备安全监督管理的部门许可，方可从事充装活动：

（一）有与充装和管理相适应的管理人员和技术人员；

（二）有与充装和管理相适应的充装设备、检测手段、场地厂房、器具、安全设施；

（三）有健全的充装管理制度、责任制度、处理措施。

充装单位应当建立充装前后的检查、记录制度，禁止对不符合安全技术规范要求的移动式压力容器和气瓶进行充装。

气瓶充装单位应当向气体使用者提供符合安全技术规范要求的气瓶，对气体使用者进行气瓶安全使用指导，并按照安全技术规范的要求办理气瓶使用登记，及时申报定期检验。

第三章　检验、检测

第五十条　从事本法规定的监督检验、定期检验的特种设备检验机构，以及为特种设备生产、经营、使用提供检测服务的特种设备检测机构，应当具备下列条件，并经负责特种设备安全监督管理的部门核准，方可从事检验、检测工作：

（一）有与检验、检测工作相适应的检验、检测人员；

（二）有与检验、检测工作相适应的检验、检测仪器和设备；

（三）有健全的检验、检测管理制度和责任制度。

第五十一条　特种设备检验、检测机构的检验、检测人员应当经考核，取得检验、检测人员资格，方可从事检验、检测工作。

特种设备检验、检测机构的检验、检测人员不得同时在两个以上检验、检测机构中执业；变更执业机构的，应当依法办理变更手续。

第五十二条　特种设备检验、检测工作应当遵守法律、行政法规的规定，并按照安全技术规范的要求进行。

特种设备检验、检测机构及其检验、检测人员应当依法为特种设备生产、经营、使用单位提供安全、可靠、便捷、诚信的检验、检测服务。

第五十三条　特种设备检验、检测机构及其检验、检测人员应当客观、公正、及时地出具检验、检测报告，并对检验、检测结果和鉴定结论负责。

特种设备检验、检测机构及其检验、检测人员在检验、检测中发现特种设备存在严重事故隐患时，应当及时告知相关单位，并立即向负责特种设备安全监督管理的部门报告。

负责特种设备安全监督管理的部门应当组织对特种设备检验、检测机构的检验、检测结果和鉴定结论进行监督抽查，但应当防止重复抽查。监督抽查结果应当向社会公布。

第五十四条 特种设备生产、经营、使用单位应当按照安全技术规范的要求向特种设备检验、检测机构及其检验、检测人员提供特种设备相关资料和必要的检验、检测条件，并对资料的真实性负责。

第五十五条 特种设备检验、检测机构及其检验、检测人员对检验、检测过程中知悉的商业秘密，负有保密义务。

特种设备检验、检测机构及其检验、检测人员不得从事有关特种设备的生产、经营活动，不得推荐或者监制、监销特种设备。

第五十六条 特种设备检验机构及其检验人员利用检验工作故意刁难特种设备生产、经营、使用单位的，特种设备生产、经营、使用单位有权向负责特种设备安全监督管理的部门投诉，接到投诉的部门应当及时进行调查处理。

第四章 监 督 管 理

第五十七条 负责特种设备安全监督管理的部门依照本法规定，对特种设备生产、经营、使用单位和检验、检测机构实施监督检查。

负责特种设备安全监督管理的部门应当对学校、幼儿园以及医院、车站、客运码头、商场、体育场馆、展览馆、公园等公众聚集场所的特种设备，实施重点安全监督检查。

第五十八条 负责特种设备安全监督管理的部门实施本法规定的许可工作，应当依照本法和其他有关法律、行政法规规定的条件和程序以及安全技术规范的要求进行审查；不符合规定的，不得许可。

第五十九条 负责特种设备安全监督管理的部门在办理本法规定的许可时，其受理、审查、许可的程序必须公开，并应当自受理申请之日起三十日内，作出许可或者不予许可的决定；不予许可的，应当书面向申请人说明理由。

第六十条 负责特种设备安全监督管理的部门对依法办理使用登记的特种设备应当建立完整的监督管理档案和信息查询系统；对达到报废条件的特种设备，应当及时督促特种设备使用单位依法履行报废义务。

第六十一条 负责特种设备安全监督管理的部门在依法履行监督检查职责时，可以行使下列职权：

（一）进入现场进行检查，向特种设备生产、经营、使用单位和检验、检测机构的主要负责人和其他有关人员调查、了解有关情况；

（二）根据举报或者取得的涉嫌违法证据，查阅、复制特种设备生产、经营、使用单位和检验、检测机构的有关合同、发票、账簿以及其他有关资料；

（三）对有证据表明不符合安全技术规范要求或者存在严重事故隐患的特种设备实施查封、扣押；

（四）对流入市场的达到报废条件或者已经报废的特种设备实施查封、扣押；

（五）对违反本法规定的行为作出行政处罚决定。

第六十二条　负责特种设备安全监督管理的部门在依法履行职责过程中，发现违反本法规定和安全技术规范要求的行为或者特种设备存在事故隐患时，应当以书面形式发出特种设备安全监察指令，责令有关单位及时采取措施予以改正或者消除事故隐患。紧急情况下要求有关单位采取紧急处置措施的，应当随后补发特种设备安全监察指令。

第六十三条　负责特种设备安全监督管理的部门在依法履行职责过程中，发现重大违法行为或者特种设备存在严重事故隐患时，应当责令有关单位立即停止违法行为、采取措施消除事故隐患，并及时向上级负责特种设备安全监督管理的部门报告。接到报告的负责特种设备安全监督管理的部门应当采取必要措施，及时予以处理。

对违法行为、严重事故隐患的处理需要当地人民政府和有关部门的支持、配合时，负责特种设备安全监督管理的部门应当报告当地人民政府，并通知其他有关部门。当地人民政府和其他有关部门应当采取必要措施，及时予以处理。

第六十四条　地方各级人民政府负责特种设备安全监督管理的部门不得要求已经依照本法规定在其他地方取得许可的特种设备生产单位重复取得许可，不得要求对已经依照本法规定在其他地方检验合格的特种设备重复进行检验。

第六十五条　负责特种设备安全监督管理的部门的安全监察人员应当熟悉相关法律、法规，具有相应的专业知识和工作经验，取得特种设备安全行政执法证件。

特种设备安全监察人员应当忠于职守、坚持原则、秉公执法。

负责特种设备安全监督管理的部门实施安全监督检查时，应当有二名以上特种设备安全监察人员参加，并出示有效的特种设备安全行政执法证件。

第六十六条　负责特种设备安全监督管理的部门对特种设备生产、经营、使用单位和检验、检测机构实施监督检查，应当对每次监督检查的内容、发现的问题及处理情况作出记录，并由参加监督检查的特种设备安全监察人员和被检查单位的有关负责人签字后归档。被检查单位的有关负责人拒绝签字的，特种设备安全监察人员应当将情况记录在案。

第六十七条　负责特种设备安全监督管理的部门及其工作人员不得推荐或者监制、监销特种设备；对履行职责过程中知悉的商业秘密负有保密义务。

第六十八条　国务院负责特种设备安全监督管理的部门和省、自治区、直辖市人民政府负责特种设备安全监督管理的部门应当定期向社会公布特种设备安全总体状况。

第五章　事故应急救援与调查处理

第六十九条　国务院负责特种设备安全监督管理的部门应当依法组织制定特种设备重特大事故应急预案，报国务院批准后纳入国家突发事件应急预案体系。

县级以上地方各级人民政府及其负责特种设备安全监督管理的部门应当依法组织制定本行政区域内特种设备事故应急预案，建立或者纳入相应的应急处置与救援体系。

特种设备使用单位应当制定特种设备事故应急专项预案，并定期进行应急演练。

第七十条　特种设备发生事故后，事故发生单位应当按照应急预案采取措施，组织抢救，防止事故扩大，减少人员伤亡和财产损失，保护事故现场和有关证据，并及时向事故发生地县级以上人民政府负责特种设备安全监督管理的部门和有关部门报告。

县级以上人民政府负责特种设备安全监督管理的部门接到事故报告，应当尽快核实情况，立即向本级人民政府报告，并按照规定逐级上报。必要时，负责特种设备安全监督管理的部门可以越级上报事故情况。对特别重大事故、重大事故，国务院负责特种设备安全监督管理的部门应当立即报告国务院并通报国务院安全生产监督管理部门等有关部门。

与事故相关的单位和人员不得迟报、谎报或者瞒报事故情况，不得隐匿、毁灭有关证据或者故意破坏事故现场。

第七十一条 事故发生地人民政府接到事故报告，应当依法启动应急预案，采取应急处置措施，组织应急救援。

第七十二条 特种设备发生特别重大事故，由国务院或者国务院授权有关部门组织事故调查组进行调查。

发生重大事故，由国务院负责特种设备安全监督管理的部门会同有关部门组织事故调查组进行调查。

发生较大事故，由省、自治区、直辖市人民政府负责特种设备安全监督管理的部门会同有关部门组织事故调查组进行调查。

发生一般事故，由设区的市级人民政府负责特种设备安全监督管理的部门会同有关部门组织事故调查组进行调查。

事故调查组应当依法、独立、公正开展调查，提出事故调查报告。

第七十三条 组织事故调查的部门应当将事故调查报告报本级人民政府，并报上一级人民政府负责特种设备安全监督管理的部门备案。有关部门和单位应当依照法律、行政法规的规定，追究事故责任单位和人员的责任。

事故责任单位应当依法落实整改措施，预防同类事故发生。事故造成损害的，事故责任单位应当依法承担赔偿责任。

第六章 法 律 责 任

第七十四条 违反本法规定，未经许可从事特种设备生产活动的，责令停止生产，没收违法制造的特种设备，处十万元以上五十万元以下罚款；有违法所得的，没收违法所得；已经实施安装、改造、修理的，责令恢复原状或者责令限期由取得许可的单位重新安装、改造、修理。

第七十五条 违反本法规定，特种设备的设计文件未经鉴定，擅自用于制造的，责令改正，没收违法制造的特种设备，处五万元以上五十万元以下罚款。

第七十六条 违反本法规定，未进行型式试验的，责令限期改正；逾期未改正的，处三万元以上三十万元以下罚款。

第七十七条 违反本法规定，特种设备出厂时，未按照安全技术规范的要求随附相关技术资料和文件的，责令限期改正；逾期未改正的，责令停止制造、销售，处二万元以上二十万元以下罚款；有违法所得的，没收违法所得。

第七十八条 违反本法规定，特种设备安装、改造、修理的施工单位在施工前未书面告知负责特种设备安全监督管理的部门即行施工的，或者在验收后三十日内未将相关技术资料和文件移交特种设备使用单位的，责令限期改正；逾期未改正的，处一万元以上十万元以下罚款。

第七十九条 违反本法规定，特种设备的制造、安装、改造、重大修理以及锅炉清洗过程，未经监督检验的，责令限期改正；逾期未改正的，处五万元以上二十万元以下罚款；有违法所得的，没收违法所得；情节严重的，吊销生产许可证。

第八十条 违反本法规定，电梯制造单位有下列情形之一的，责令限期改正；逾期未改正的，处一万元以上十万元以下罚款：

（一）未按照安全技术规范的要求对电梯进行校验、调试的；

（二）对电梯的安全运行情况进行跟踪调查和了解时，发现存在严重事故隐患，未及时告知电梯使用单位并向负责特种设备安全监督管理的部门报告的。

第八十一条 违反本法规定，特种设备生产单位有下列行为之一的，责令限期改正；逾期未改正的，责令停止生产，处五万元以上五十万元以下罚款；情节严重的，吊销生产许可证：

（一）不再具备生产条件、生产许可证已经过期或者超出许可范围生产的；

（二）明知特种设备存在同一性缺陷，未立即停止生产并召回的。

违反本法规定，特种设备生产单位生产、销售、交付国家明令淘汰的特种设备的，责令停止生产、销售，没收违法生产、销售、交付的特种设备，处三万元以上三十万元以下罚款；有违法所得的，没收违法所得。

特种设备生产单位涂改、倒卖、出租、出借生产许可证的，责令停止生产，处五万元以上五十万元以下罚款；情节严重的，吊销生产许可证。

第八十二条 违反本法规定，特种设备经营单位有下列行为之一的，责令停止经营，没收违法经营的特种设备，处三万元以上三十万元以下罚款；有违法所得的，没收违法所得：

（一）销售、出租未取得许可生产，未经检验或者检验不合格的特种设备的；

（二）销售、出租国家明令淘汰、已经报废的特种设备，或者未按照安全技术规范的要求进行维护保养的特种设备的。

违反本法规定，特种设备销售单位未建立检查验收和销售记录制度，或者进口特种设备未履行提前告知义务的，责令改正，处一万元以上十万元以下罚款。

特种设备生产单位销售、交付未经检验或者检验不合格的特种设备的，依照本条第一款规定处罚；情节严重的，吊销生产许可证。

第八十三条 违反本法规定，特种设备使用单位有下列行为之一的，责令限期改正；逾期未改正的，责令停止使用有关特种设备，处一万元以上十万元以下罚款：

（一）使用特种设备未按照规定办理使用登记的；

（二）未建立特种设备安全技术档案或者安全技术档案不符合规定要求，或者未依法设置使用登记标志、定期检验标志的；

（三）未对其使用的特种设备进行经常性维护保养和定期自行检查，或者未对其使用的特种设备的安全附件、安全保护装置进行定期校验、检修，并作出记录的；

（四）未按照安全技术规范的要求及时申报并接受检验的；

（五）未按照安全技术规范的要求进行锅炉水（介）质处理的；

（六）未制定特种设备事故应急专项预案的。

第八十四条 违反本法规定，特种设备使用单位有下列行为之一的，责令停止使用有关特种设备，处三万元以上三十万元以下罚款：

（一）使用未取得许可生产，未经检验或者检验不合格的特种设备，或者国家明令淘汰、已经报废的特种设备的；

（二）特种设备出现故障或者发生异常情况，未对其进行全面检查、消除事故隐患，继续使用的；

（三）特种设备存在严重事故隐患，无改造、修理价值，或者达到安全技术规范规定的其他报废条件，未依法履行报废义务，并办理使用登记证书注销手续的。

第八十五条 违反本法规定，移动式压力容器、气瓶充装单位有下列行为之一的，责令改正，处二万元以上二十万元以下罚款；情节严重的，吊销充装许可证：

（一）未按照规定实施充装前后的检查、记录制度的；

（二）对不符合安全技术规范要求的移动式压力容器和气瓶进行充装的。

违反本法规定，未经许可，擅自从事移动式压力容器或者气瓶充装活动的，予以取缔，没收违法充装的气瓶，处十万元以上五十万元以下罚款；有违法所得的，没收违法所得。

第八十六条 违反本法规定，特种设备生产、经营、使用单位有下列情形之一的，责令限期改正；-逾期未改正的，责令停止使用有关特种设备或者停产停业整顿，处一万元以上五万元以下罚款：

（一）未配备具有相应资格的特种设备安全管理人员、检测人员和作业人员的；

（二）使用未取得相应资格的人员从事特种设备安全管理、检测和作业的；

（三）未对特种设备安全管理人员、检测人员和作业人员进行安全教育和技能培训的。

第八十七条 违反本法规定，电梯、客运索道、大型游乐设施的运营使用单位有下列情形之一的，责令限期改正；逾期未改正的，责令停止使用有关特种设备或者停产停业整顿，处二万元以上十万元以下罚款：

（一）未设置特种设备安全管理机构或者配备专职的特种设备安全管理人员的；

（二）客运索道、大型游乐设施每日投入使用前，未进行试运行和例行安全检查，未对安全附件和安全保护装置进行检查确认的；

（三）未将电梯、客运索道、大型游乐设施的安全使用说明、安全注意事项和警示标志置于易于为乘客注意的显著位置的。

第八十八条 违反本法规定，未经许可，擅自从事电梯维护保养的，责令停止违法行为，处一万元以上十万元以下罚款；有违法所得的，没收违法所得。

电梯的维护保养单位未按照本法规定以及安全技术规范的要求，进行电梯维护保养的，依照前款规定处罚。

第八十九条 发生特种设备事故，有下列情形之一的，对单位处五万元以上二十万元以下罚款；对主要负责人处一万元以上五万元以下罚款；主要负责人属于国家工作人员的，并依法给予处分：

（一）发生特种设备事故时，不立即组织抢救或者在事故调查处理期间擅离职守或者逃匿的；

（二）对特种设备事故迟报、谎报或者瞒报的。

第九十条 发生事故，对负有责任的单位除要求其依法承担相应的赔偿等责任外，依照下列规定处以罚款：

（一）发生一般事故，处十万元以上二十万元以下罚款；

（二）发生较大事故，处二十万元以上五十万元以下罚款；

（三）发生重大事故，处五十万元以上二百万元以下罚款。

第九十一条 对事故发生负有责任的单位的主要负责人未依法履行职责或者负有领导责任的，依照下列规定处以罚款；属于国家工作人员的，并依法给予处分：

（一）发生一般事故，处上一年年收入百分之三十的罚款；

（二）发生较大事故，处上一年年收入百分之四十的罚款；

（三）发生重大事故，处上一年年收入百分之六十的罚款。

第九十二条 违反本法规定，特种设备安全管理人员、检测人员和作业人员不履行岗位职责，违反操作规程和有关安全规章制度，造成事故的，吊销相关人员的资格。

第九十三条 违反本法规定，特种设备检验、检测机构及其检验、检测人员有下列行为之一的，责令改正，对机构处五万元以上二十万元以下罚款，对直接负责的主管人员和其他直接责任人员处五千元以上五万元以下罚款；情节严重的，吊销机构资质和有关人员的资格：

（一）未经核准或者超出核准范围、使用未取得相应资格的人员从事检验、检测的；

（二）未按照安全技术规范的要求进行检验、检测的；

（三）出具虚假的检验、检测结果和鉴定结论或者检验、检测结果和鉴定结论严重失实的；

（四）发现特种设备存在严重事故隐患，未及时告知相关单位，并立即向负责特种设备安全监督管理的部门报告的；

（五）泄露检验、检测过程中知悉的商业秘密的；

（六）从事有关特种设备的生产、经营活动的；

（七）推荐或者监制、监销特种设备的；

（八）利用检验工作故意刁难相关单位的。

违反本法规定，特种设备检验、检测机构的检验、检测人员同时在两个以上检验、检测机构中执业的，处五千元以上五万元以下罚款；情节严重的，吊销其资格。

第九十四条 违反本法规定，负责特种设备安全监督管理的部门及其工作人员有下列行为之一的，由上级机关责令改正；对直接负责的主管人员和其他直接责任人员，依法给予处分：

（一）未依照法律、行政法规规定的条件、程序实施许可的；

（二）发现未经许可擅自从事特种设备的生产、使用或者检验、检测活动不予取缔或者不依法予以处理的；

（三）发现特种设备生产单位不再具备本法规定的条件而不吊销其许可证，或者发现特种设备生产、经营、使用违法行为不予查处的；

（四）发现特种设备检验、检测机构不再具备本法规定的条件而不撤销其核准，或者对其出具虚假的检验、检测结果和鉴定结论或者检验、检测结果和鉴定结论严重失实的行为不予查处的；

（五）发现违反本法规定和安全技术规范要求的行为或者特种设备存在事故隐患，不立即处理的；

（六）发现重大违法行为或者特种设备存在严重事故隐患，未及时向上级负责特种设备安全监督管理的部门报告，或者接到报告的负责特种设备安全监督管理的部门不立即处理的；

（七）要求已经依照本法规定在其他地方取得许可的特种设备生产单位重复取得许可，或者要求对已经依照本法规定在其他地方检验合格的特种设备重复进行检验的；

（八）推荐或者监制、监销特种设备的；

（九）泄露履行职责过程中知悉的商业秘密的；

（十）接到特种设备事故报告未立即向本级人民政府报告，并按照规定上报的；

（十一）迟报、漏报、谎报或者瞒报事故的；

（十二）妨碍事故救援或者事故调查处理的；

（十三）其他滥用职权、玩忽职守、徇私舞弊的行为。

第九十五条 违反本法规定，特种设备生产、经营、使用单位或者检验、检测机构拒不接受负责特种设备安全监督管理的部门依法实施的监督检查的，责令限期改正；逾期未改正的，责令停产停业整顿，处二万元以上二十万元以下罚款。

特种设备生产、经营、使用单位擅自动用、调换、转移、损毁被查封、扣押的特种设备或者其主要部件的，责令改正，处五万元以上二十万元以下罚款；情节严重的，吊销生产许可证，注销特种设备使用登记证书。

第九十六条 违反本法规定，被依法吊销许可证的，自吊销许可证之日起三年内，负责特种设备安全监督管理的部门不予受理其新的许可申请。

第九十七条 违反本法规定，造成人身、财产损害的，依法承担民事责任。

违反本法规定，应当承担民事赔偿责任和缴纳罚款、罚金，其财产不足以同时支付时，先承担民事赔偿责任。

第九十八条 违反本法规定，构成违反治安管理行为的，依法给予治安管理处罚；构成犯罪的，依法追究刑事责任。

第七章　附　　则

第九十九条　特种设备行政许可、检验的收费，依照法律、行政法规的规定执行。

第一百条　军事装备、核设施、航空航天器使用的特种设备安全的监督管理不适用本法。

铁路机车、海上设施和船舶、矿山井下使用的特种设备以及民用机场专用设备安全的监督管理，房屋建筑工地、市政工程工地用起重机械和场（厂）内专用机动车辆的安装、使用的监督管理，由有关部门依照本法和其他有关法律的规定实施。

第一百零一条　本法自2014年1月1日起施行。

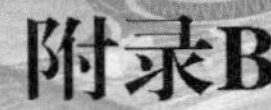

附录B

电站锅炉事故应急救援预案

1 总 则

1.1 编制目的

为了贯彻“安全第一，预防为主”的方针，规范电站锅炉事故应急预案的编制工作，促进企业提升应对电站锅炉事故的能力，及时控制和消除事故的危害，最大限度地减少事故造成的人员伤亡、财产损失，维护人民生命安全和社会稳定，特制定本预案。

1.2 编制依据

（1）《中华人民共和国特种设备安全法》（国家主席令第4号）；

（2）《电力安全事故应急处置和调查处理条例》（国务院令第599号）；

（3）《国务院关于全面加强应急管理工作的意见》（国发［2006］24号）；

（4）《特种设备事故报告和调查处理规定》（国家质检总局令第115号）；

（5）《锅炉安全技术监察规程》（TSG G0001—2012）；

（6）《电力行业锅炉压力容器安全监督规程》（DL/T 612—2017）；

（7）《危险化学品重大危险源辨识》（GB 18218—2009）；

（8）《电力安全工作规程 发电厂和变电站电气部分》（GB 26860—2011）；

（9）《防止电力生产重大事故的二十五项重点要求》（国能安全［2014］161号）。

1.3 适用范围

本预案适用于指导火力发电企业编制电站锅炉事故专项应急救援预案，也适用于基层技术人员进行应急工作时借鉴和参考。

1.4 工作原则

1.4.1 以人为本，安全第一。始终把保障人民群众的生命安全放在首位，认真做好预防事故工作，切实加强员工和应急救援人员的安全防护，最大限度地减少事故灾难造成的伤亡和财产损失。

1.4.2 积极应对，立足自救。认真贯彻落实“安全第一、预防为主”方针，努力完善安全管理制度和应急预案体系，准备充分的应急资源，落实各级岗位职责，做到人人清楚事故特征、类型、原因和危害程度，遇到突发事件时，能够及时迅速采取正确措施，积极应对、立足自救。

1.4.3 统一领导，分级管理。应急救援领导小组在组长统一领导下，负责指挥、协调处理突发事故灾难的应急救援工作，有关部门和各班组按照各自职责和权限，负责事故灾难的应急管理和现场应急处置工作。

1.4.4 依靠科学，依法规范。遵循科学原理，充分发挥专家的作用，实现科学民主决策。依靠科技进步，不断改进和完善应急救援的方法、装备、设施和手段，依法规范应急救援工作，确保预案的科学性、权威性和可操作性。

1.4.5　预防为主，平战结合。坚持事故应急与预防工作相结合。加强重大危险源管理，做好事故预防、预测、预警和预报工作。做好应对事故的思想准备、预案准备、物资和经费准备、工作准备，加强培训演练，做到常备不懈。将日常管理工作和应急救援工作相结合，搞好宣传教育，提高全体员工的安全意识和应急救援技能。

2　应急救援组织机构及职责

2.1　应急救援组织机构

2.1.1　火力发电企业应成立电站锅炉事故应急救援领导小组，可以根据本企业具体资源情况实行分级管理。领导小组负责事故应急救援的组织、指挥、协调等工作，领导小组组长应由本单位的主要负责人担任。

2.1.2　应急救援领导小组一般下设现场指挥部、专家技术组、抢险救灾组、后勤保障组、警戒保卫组、医疗救护组、通信联络组、善后工作组等组织机构（见图 B.1）。

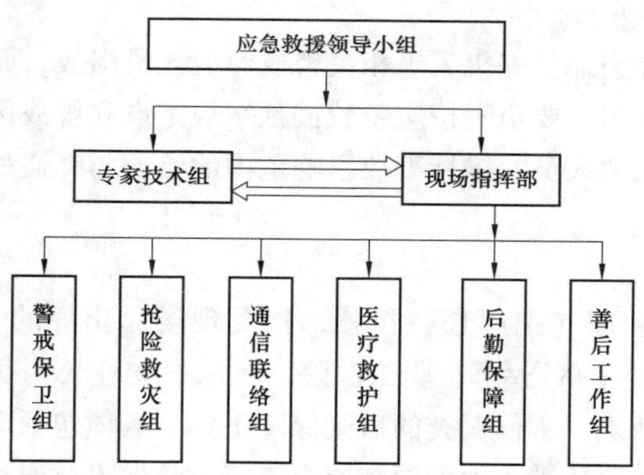

图 B.1　应急救援领导小组组织机构图

2.1.3　应急救援岗位设置、人员组成及组织结构图应在应急救援预案中明确。

2.2　应急救援指挥人员岗位职责

总指挥一般应由企业法人或生产副总经理（副厂长）担任。其职责包括：

（1）组织制定电站锅炉事故应急救援预案；

（2）负责人员、资源配备，应急队伍的调动；

（3）确定现场指挥人员；

（4）协调事故现场有关工作；

（5）批准预案的启动与终止；

（6）设立下属专业小组，并任命相关人员，确定内部机构及各级人员的工作职责；

（7）负责锅炉事故信息的上报工作；

（8）负责保护事故现场及相关物证、资料；

（9）组织应急预案的演练；

(10) 接受政府和上级的指令与调动。

2.3 相关操作岗位职责

2.3.1 现场应急救援指挥部主要职责

(1) 迅速查明设备安全事件、事故的特征、类别、原因、影响范围及可能造成的后果，确定合理的技术处置方案，现场组织实施应急方案，救援方案报总指挥审定。

(2) 传达和组织实施审定后的救援方案。

(3) 负责预案的演练考核工作。

(4) 负责救援设备、机械设备、急救物品的选型购置、管理工作。

(5) 负责组织事件或事故调查、相关材料的收集和整理。

2.3.2 抢险救灾组

由企业消防队伍、抢修队伍和部分医护人员组成。组长由生产副总经理（副厂长）担任，接受现场总指挥的领导，指挥本组工作。副组长由企业的消防部门、生产技术部门、安全管理部门、运行部门、检修部门负责人担任。该组主要负责现场排除险情、抢救伤员、设备设施安全转移、阻止盲目抢险、制止事件的进一步扩大。

2.3.3 警戒保卫组

由企业保卫部门和当地公安机关等相关警戒保卫人员组成，并接受现场总指挥的领导，指挥本组工作。该组主要负责按应急救援预案规定设立警戒区、负责事故现场警戒保卫、疏散警戒区内无关人员、维持事故影响范围的治安与交通秩序、协助医疗救护组转移受伤人员。

2.3.4 后勤保障组

组长由经营副总经理（副厂长）担任，接受现场总指挥的领导，指挥本组工作。副组长由总经理工作部（办公室）、职工医院、车队、物业公司负责人担任。本组主要负责抢救抢险、生产恢复、事件调查的后勤保障工作，具体包括车辆保障、指挥部人员生活后勤保障和抢救抢险所需人力资源和资金支持、疏散人员避难场所安排等。

2.3.5 医疗救护组

由火力发电企业的医疗卫生、事故发生地的急救中心救援专业人员等组成，其主要负责制定受伤人员现场医疗救治方案，负责现场受伤人员的医疗救治和医院转送工作。

2.3.6 通信联络组

由火力发电企业通信管理负责人担任组长，负责建立有效的通信网络、对外界发布信息、接待上级工作，负责外部求援与接洽工作，保障现场救援通信联络和对外通信联络的畅通。

2.3.7 善后工作组

组长由生产副总经理（副厂长）或总工程师担任，人员由生产技术部门、运行部门、检修部门负责人及有关部门人员组成。该组主要负责现场恢复工作，在指挥部确定现场已无人身危险的情况下，组织抢修人员对现场其他危险设施、损坏设备进行排险抢险或抢修，尽快恢复正常生产；负责事故伤亡人员及其家属的安抚工作；负责设备、厂房、周围建筑物损坏后的善后处理、损失评估、保险理赔等工作。

3　单位资源和安全状况分析

3.1　单位自然概况

3.1.1　单位性质、隶属关系、地理位置、占地面积、周边人口密度与数量，纵、横距离及周边交通环境状况。

3.1.2　生产规模、人员数量和有关生产工艺状况。

3.1.3　周围建筑物性质（民居、工矿企业、易燃易爆场所、有毒有害环境、重要基础设施），与周围建筑物的位置（距离）。

3.1.4　当地的气象、环境资料。

3.2　锅炉主要技术参数及安全状况

本企业锅炉型号、型式、额定参数；锅炉设计、制造、安装、检验、运行管理单位；制造、安装、投产日期，下次检验日期，修理改造情况等。

企业还应当分析锅炉的实际安全状态，是否发生过事故，是否有严重事故隐患尚未治理，各种安全附件和装置是否齐全、灵敏、有效；锅炉运行主管是否在岗；现场紧急处置的器材是否具备。

3.3　应急救援资源

火力发电企业应当整理出针对锅炉事故应急需要的人力、设备设施、物资供应、通信、资金等资源以及组织、技术保障措施。可以分企业内部和外部两部分资源。

火力发电企业编制预案时，应根据现有资源，对照国家法律、法规和其他要求，提出资源补充、合理利用和资源集成整合的建议方案，经批准后逐步完善应急救援资源。

4　危险辨识与灾害后果预测

4.1　锅炉危险因素辨识

参照《企业职工伤亡事故分类》（GB 6441—1986）对燃煤锅炉进行危险因素分类，考虑锅炉正常运行、异常（检修）和紧急（事故）状态，涉及的危险、有害因素较多，主要有锅炉爆炸、火灾、灼烫、机械伤害、物体打击、触电等。发电企业开展锅炉事故应急救援应综合考虑这些危险因素，对发生事故的灾害后果应进行预测。同时，灾害影响的地域范围、人员数量、重要或居民建筑物等因素也应予以考虑。

4.2　常见的电站锅炉事故

电站锅炉的常见事故一般有火灾、锅炉主要承压部件爆漏（爆炸或泄漏，下同）、锅炉尾部再次燃烧、锅炉炉膛爆炸、制粉系统爆炸和煤尘爆炸、锅炉汽包满水和缺水、人身伤亡7大类。

电站锅炉主要承压部件爆漏是最常见的锅炉事故，将直接导致锅炉不能正常运行，同时在爆漏或抢修过程中可能发生人身伤害。锅炉承压部件爆漏主要有：

（1）受热面爆管，主要是水冷壁、过热器、再热器等管子爆管泄漏。

(2) 锅炉外部管道的泄漏，主要有主蒸汽管道、再热蒸汽管道、给水管道、疏水管道、取样管道、仪表管等内部为高温、高压介质的管道泄漏。

(3) 汽包（汽水分离器）、集箱等容积较大承压部件的爆漏。

(4) 炉水泵、阀门等的高压附件的爆漏。

4.3 锅炉重大事故后果预测

锅炉事故后果主要是不同程度的人员伤亡和和设备损坏。以锅炉承压部件爆炸为例，锅炉承压部件爆炸是指锅炉的承压部件突然破裂，锅炉的水蒸气、饱和水的能量迅速被释放的物理变化过程，造成被迫停炉，往往引起人员伤亡和重大损失。编制预案时，应当分析本单位电站锅炉的实际情况，分析不同部位出现事故可能引起的后果，从而提出预防和紧急应对的措施。

5 预警和预防机制

5.1 预警

根据当地政府应急管理要求，结合设备所在企业应急预案的规定与程序，在编写本专项应急预案时，应明确事故预警的条件、方式、方法和信息的发布程序。

5.2 预防机制

火力发电企业应建立预防和控制锅炉事故发生的管理制度，主要包括（但不限于）：特种设备安全管理制度和岗位安全责任制度；专门机构或者设专（兼）职人员；定期分析特种设备安全状况，完善事故应急预案；使用登记、定期检验制度；企业日常检查制度；消除事故隐患制度；作业人员培训考核、持证上岗制度。

5.3 防止人身伤亡的技术、管理措施

防止人身伤亡的措施主要考虑（但不限于）：《电力安全工作规程 发电厂和变电站电气部分》（GB 26860—2011）的相关要求；《防止电力生产重大事故的二十五项重点要求》（国能安全〔2014〕161号）中防止人身伤亡事故的六点管理要求。

5.4 防止设备损坏的技术、管理措施

防止设备损坏的技术措施考虑（但不限于）：《防止电力生产重大事故的二十五项重点要求》（国能安全〔2014〕161号）中防止火灾、锅炉承压部件爆漏、压力容器爆破、锅炉尾部再次燃烧、锅炉炉膛爆炸、制粉系统爆炸和煤尘爆炸、锅炉汽包满水和缺水事故提出的技术措施和管理要求。

6 应 急 响 应

6.1 事故发生后的内部报告程序

6.1.1 明确事故发生后内部报告事故信息的方法、程序、内容和时限。

6.1.2 事故发生后，当班作业人员应在第一时间通知现场负责人，现场负责人接到报告后，立即组织现场处置，同时迅速向应急值班室和企业最高负责人报告。

6.1.3 报告内容包括：事故发生地点；事故设备型号、部位；事故类型（如爆炸、火灾等）；有无人员伤亡情况；周围环境情况（如有无易燃易爆危险品、建筑物性质、

交通、人流等）；影响范围；报告人姓名。

6.2 事故确认、分析和救援程序

事故确认的内容包括事故地点、影响范围、事故类型等技术要求；分析程序的内容包括根据工艺规程、操作规程的技术要求，采取紧急处理措施、初步分析事故趋势。建立的应急启动程序，要明确应急启动的条件，并规定进入应急启动程序时的责任人和岗位。

6.3 事故外部报告程序

事故确认后，在自身启动应急预案的同时，应按国家有关规定，及时、如实地向特种设备安全监督管理部门、负有安全生产监督管理职责的部门和相应应急指挥中心等有关部门报告。

6.4 事故监控措施

6.4.1 指定事故监控人员、明确采用的监控手段和设备。

6.4.2 监控和分析事故所造成的危害程度，事故是否得到有效控制，是否有扩大危险趋势。

6.5 人员疏散与安置原则、措施及启动条件

可按照企业所在地政府和企业总体预案的要求，结合实际情况编制。

6.6 事故现场的警戒要求

包括救援现场的警戒区域，设置事故现场警戒和交通管制程序，救援队伍、物资供应、人员疏散以及警戒开始和撤消步骤。

6.7 应急救援中的医疗、卫生服务措施和程序

可按照企业所在地政府和企业总体预案的要求，结合实际情况编制。

6.8 保护应急救援人员安全的准备和规定

6.8.1 人员进入和离开现场的程序。

6.8.2 根据事故性质，确保选配和使用正确、合理的个人防护设备。

6.8.3 应急救援人员在各种情况下的自救和互救措施。

当人身安全与设备安全、抢修进度发生冲突时，首先要保证人身安全。在应急救援过程中要严格按照有关安全工作规程的相关规定做好安全措施。发电企业应按要求在生产现场配置应急设备和器材，参加应急人员要正确佩带和使用个人防护用品，相关安监人员要做好安全监督工作，以确保应急人员的安全。特别要注意：

（1）当锅炉承压部件发生爆管（泄漏）时，在系统隔离、消压前，严禁采用打保温的方式进行爆漏点检查、确认；

（2）严禁带压对承压部件进行焊接、捻缝、紧螺栓等工作；

（3）如需要进入炉膛、尾部烟道、炉顶大罩壳等内部进行抢修，工作负责人必须检查确认内部温度合适、无大的焦块和炽热的积灰等，安全后方可进入；

（4）应急抢修中高处作业，必须按规定搭设脚手架或采取可靠的安全措施后方可进行。

6.9　处理公共关系和求助程序

6.9.1　应急过程中对媒体和公众发布信息的程序和原则。

6.9.2　请求有关部门或救援队伍帮助的程序。

6.10　现场恢复

6.10.1　撤离救援和宣布应急结束程序。

6.10.2　重新进入和人群返回程序。

6.10.3　现场清理和设施基本恢复要求。

6.10.4　对受影响区域的连续检测要求。

7　应急技术和现场处置措施

7.1　锅炉故障

根据仪表、CRT、光字牌报警及机组设备外部现象，确定锅炉发生故障时，运行人员一般应按照下列步骤进行处理：

（1）迅速消除对人身和设备的威胁，必要时应立即停运发生故障的设备。

（2）迅速查清故障的性质、发生的地点和范围，然后进行果断处理和汇报。

（3）保持非故障设备及机组的正常运行。

（4）在事故处理过程中，运行人员应保证厂用电系统的正常运行。

（5）故障排除后，值长、集控长和值班人员应将故障现象、故障发展的过程和时间、处理故障所采取的措施等进行正确、详细的记录。

7.2　锅炉事故

7.2.1　锅炉发生事故时，应查明事故的性质、发展的趋势和危害程度，然后采取相应的措施。

7.2.2　无论何种事故，运行人员都应进行必要的现场确认，核对必要的仪表指示，迅速采取相应的措施，以避免异常情况的扩大。

7.3　紧急停炉情况

当发生严重危及人身或设备安全的故障时，应立即停炉。锅炉遇到下列情况之一者（包含但不限于），应手动按下 MFT（主燃料跳闸）按钮：

（1）MFT 应动作而拒动时。

（2）给水、蒸汽管道爆破，不能维持正常运行或威胁人身、设备安全时。

（3）水冷壁管、省煤器管爆破，不能维持汽包正常水位时。

（4）过热器、再热器管壁严重爆破，无法维持正常汽温、汽压时。

（5）锅炉主、再热蒸汽压力升高至安全阀动作值而安全阀拒动时。

（6）再热蒸汽中断时。

（7）三台炉水泵进出口差压都小于跳闸动作值，炉水泵未全部跳闸（适用时）。

（8）所有水位计损坏时。

（9）确认烟道内发生二次燃烧，使烟温急剧升高时。

（10）炉膛烟道发生爆炸，使主要设备损坏时。

（11）两台火检风机故障，且冷却风与炉膛差压 Δp 小于规定值时。

停止锅炉运行时，应按运行规范要求制定处置方案，平时应有典型预案。

7.4　请示停炉情况

锅炉发生下列情况（包含但不限于），锅炉运行值班员请示值长要求停炉时，应按运行规程要求制定处置方案，平时应有典型预案：

（1）过热器、再热器管壁温度超过设计报警温度，经多方调整或降低负荷仍无法恢复时。

（2）炉内外承压部件因各种原因泄漏时。

（3）给水、炉水、蒸汽品质严重低于标准，经调整仍无法恢复正常时。

（4）锅炉严重结焦无法维持正常运行时。

（5）单台空气预热器故障，短时间无法恢复时。

（6）两台电除尘停电，短时间无法恢复时。

（7）炉水泵低压冷却水故障时，短时间不能恢复时（适用时）。

（8）控制气源失去，短时间内无法恢复时。

（9）高压汽水管道及法兰连接处渗漏且无法隔离时。

（10）炉底渣斗连续长时间（具体时间根据锅炉负荷、渣斗容量确定）无法排渣时。

（11）干出灰系统故障，无法正常出灰时。（适用时）

（12）减温水调节阀故障无法调节，造成锅炉超温短时间内无法恢复时。

（13）给水调节系统失灵，一时无法恢复时。

（14）安全阀、电磁泄放阀动作，无法回座。

故障停炉时，应按规程规定逐步操作，手动停止锅炉运行。

7.5　锅炉 MFT 情况

遇到下列任一情况（包含但不限于），锅炉 MFT 动作时，应按运行规范要求制定处置方案，平时应有典型预案：

（1）两台送风机跳闸。

（2）两台引风机跳闸。

（3）炉膛压力高。

（4）炉膛压力低。

（5）三台炉水泵故障（使用时）。

（6）两台一次风机跳闸（适用时）。

（7）增压风机跳闸（适用时）。

（8）汽包水位高。

（9）汽包水位低。

（10）风量<25%。

（11）燃料失去。

（12）全炉膛灭火。

(13) 热控电源失去。

(14) 蒸汽故障。

(15) 手动按下 MFT 按钮。

7.6 锅炉承压部件爆炸的应急技术

7.6.1 发生锅炉承压部件爆炸（爆破）事故，危及机组的安全运行和人身安全时，当值运行人员确认机组 MFT 动作正确，否则手动紧急停炉，并确认已可靠切断进入炉膛的风、粉、煤、油。停用两台送风机，保持一台引风机运行，直至炉膛不冒正压。如水冷壁严重爆裂，汽、水大量外喷，除紧急停炉外，锅炉严禁进水。配合抢救抢险组人员紧急疏离锅炉附近人员，并严禁其他人员靠近。

7.6.2 当值运行人员应迅速将相关系统进行隔离，并保持相邻机组的稳定运行。如因爆炸引起相邻机组的异常运行，值长应按运行规程进行事故处理，并汇报调度和总指挥。

7.6.3 抢救抢险组应迅速组织保卫人员对爆炸锅炉区域进行现场隔离，迅速疏散生产现场无关人员（禁止使用电梯），清点人数；根据发生事故类别，制定详细而具体的抢险方案。

7.6.4 锅炉爆炸会伴有浓烟、水煤气、一氧化碳和二氧化碳。同时部分合成纤维、橡胶、塑料等燃烧时还可能产生二氧化硫、氧化氮、氰化氢等毒气；柴油等易燃液体燃烧会产生有害的气体。因此，现场参与抢险人员进入事故现场必须佩带防风面盔、过滤式防毒面具或口罩、氧气呼吸器等，采取或掌握灭火过程中防烟防毒的基本措施。

7.6.5 锅炉发生爆炸事故后，为防止事故扩大，锅炉的燃烧剩余应用消防水熄灭，有关压力容器、压力管道应迅速进行有效隔离；设备应尽量泄压，对由于爆炸引起的可燃气体、电缆和油类应用沙石或二氧化碳、干粉等灭火器进行灭火，同时设置隔离带，以防火灾事故蔓延；受伤人员立即抬至通风、空气新鲜处实行现场救护，伤势严重的立即送往附近医院。

7.6.6 锅炉爆炸还伴随有厂房及建筑物的损坏和倒塌，参与消防灭火和救护人员进入厂房及建筑物施行救援工作时，应做好防止厂房及建筑物再次倒塌的措施。运行人员在损坏的厂房及建筑物内应尽快将运行设备停运。

7.6.7 其他热力系统压力容器发生爆漏时，在机组停运的同时，迅速关闭通向爆漏容器的蒸汽、水、疏水等，并尽快降压。

7.6.8 当事故扩大或事态发展控制不利，事故发生单位应急救援资源不能满足应急需要时，现场应急领导小组负责人应启动总体应急预案或场外应急救援预案。

8 保 障 措 施

8.1 通信与信息保障

8.1.1 明确与应急工作相关联的单位或人员的通信联系方式和方法，并提供备用方案。一般以简明醒目方式置于值守人员处。

8.1.2 建立信息通信系统及维护方案。

8.1.3 保障报警、通信器材完好，保证信息渠道 24h 畅通。

8.2 救援装备和物资保障

8.2.1 应急救援设备、设施与物资列表。要求明确设备及物资的类型、数量、性能、存放位置、管理责任人及其联系方式。一般以简明醒目方式置于值守人员处。

8.2.2 设备、物资（经费）支持工作程序。

8.3 应急队伍保障

明确本企业各专业应急队伍及负责人的通信联络方式，要求附人员联络表。一般以简明醒目方式置于值守人员处。

8.4 经费保障

在编制预案时，应当明确应急所需专项经费来源，规定使用范围和管理监督措施，保障应急状态时应急经费及时到位。

8.5 培训和演练

8.5.1 应急救援培训

（1）培训计划及落实的措施，应急人员的素质、能力要求。

（2）全员培训，提高应急意识、自我保护和参与救援的措施。

8.5.2 演习（演练）

（1）应急预案演练的计划、组织实施要求。

（2）检验应急行动与预案的符合性，应急预案的有效性和缺陷的评估。

（3）根据演练后实际对预案进行改进的要求。

8.6 其他保障

（1）建立应急抢险专家库，包括化学危险品和锅炉等相关领域的专家信息。

（2）需要请求援助的外部机构和组织的名单和联络方式。

（3）根据本单位应急工作需求而确定的其他相关保障措施（如交通运输保障、治安保障、技术保障、医疗保障、后勤保障等）。

9 预案编制、管理和更新

9.1 预案编制一般步骤

9.1.1 编制准备：

（1）成立编制小组，其组长应由单位主要负责人担任。

（2）制定编制计划。

（3）收集资料，主要是本单位基本情况和特种设备基本状况。

（4）安全状况分析和重大危险源分析。

（5）资源和自身救援能力分析。

9.1.2 编制预案。

9.1.3 审定和演练。

9.1.4 改进措施。

9.2 预案编制的格式与基本要求

9.2.1 格式：

（1）封面，包括标题、单位名称、预案编号、实施日期，编制、审核、签发人（签字）、公章。

（2）目录。

（3）总则（引言、概况、目的、原则、依据）。

（4）预案内容。

（5）附件。

（6）附加说明。

9.2.2 基本要求：

（1）使用A4纸打印文本。

（2）正文采用仿宋四号字，标题采用宋体三号字。

9.3 应急预案的制定与发布

应急救援指挥部组织应急预案编写、修改、验证。预案编制后组织或邀请专家进行审定，并由单位主要负责人批准后发布、实施。

9.4 预案的演练和更新

9.4.1 预案在发布后应组织预案所涉人员学习贯彻、演习演练。

9.4.2 演习演练至少一年一次，根据演练的情况，对预案进行更新。

9.4.3 根据人员变动、设备参数改变、演习演练验证结果、新经验、新教训，以及法律法规、主管部门和地方政府要求的改变等实际情况，对预案进行更新和修订。

9.5 预案上报

预案发布或更新后，报送特种设备安全监察部门和当地人民政府及有关部门备案。

9.6 监督检查

依据《中华人民共和国特种设备安全法》和其他法律、法规的规定，接受上级主管部门对本预案的制定、完善、演练进行监督检查。

10 事 故 调 查

10.1 事故现场的保护

（1）强调除因抢救伤员和控制事态发展外，在事故调查尚未进行之前，任何人不得破坏和改变现场。特种设备事故发生后，事故发生单位及相关单位和人员应当保护好事故现场。确因抢救人员、防止事故扩大以及疏通交通等原因，需要移动现场物件的，应当做出标志、绘制现场简图，并写出书面记录，妥善保存现场重要痕迹、物证。

（2）锅炉事故发生后，相关人员应收集相关的证据并保全。

10.2 事故调查的一般工作程序

10.2.1 成立事故调查组，确定调查组成员组成。

10.2.2 了解事故概况，听取事故情况介绍，初步勘察事故现场，查阅并封存有关档案资料。

10.2.3 确定事故调查内容。

10.2.4 组织实施技术调查，必要时进行检验、试验或者鉴定，注明检验、试验、鉴定的机构。

10.2.5 确定事故发生原因及责任。

10.2.6 对责任者提出处理建议。

10.2.7 提出预防类似事故的措施建议。

10.2.8 写出事故调查报告并归档。

10.3 情况调查

向事故发生单位主要负责人及其相关人员询问关于事故发生前后及事故过程的情况，主要内容有：

(1) 有关人员基本情况；

(2) 设备运行情况，设备是否正常，是否有超温、超压、超载、超速、变形、泄（渗）漏、异常响声、安全附件及保护装置失效等异常情况；

(3) 运行管理及作业人员的操作情况；

(4) 现场应急措施及应急救援情况；

(5) 其他情况。

10.4 资料调查

事故发生单位主要负责人及相关人员应当主动提供事故发生前后特种设备的生产（含设计、制造、安装、改造、维修，下同）、检验、使用等档案资料、运行记录和相关会议记录（包括工作日记）。调查组重点查阅以下资料：

(1) 电站锅炉的生产档案资料，包括：电站锅炉结构、强度、材料的选用情况；锅炉及其安全附件、安全保护装置的制造质量情况；型式试验、安装、改造、维修质量情况。

(2) 特种设备及其安全附件、安全保护装置定期检验情况与存在问题整改情况。

(3) 安全责任制、相关制度落实情况，包括：安全责任制、相关管理制度、应急措施与救援预案的制定和执行情况；特种设备使用登记、作业人员持证情况；运行中违章作业、违章指挥或者误操作情况，运行相关记录情况，运行的参数波动等异常情况。

(4) 使用单位对存在事故隐患的整改情况。

10.5 现场调查

事故现场的调查应当收集较完整的原始客观证据，数据要准确，资料要真实。

10.5.1 事故现场检查的一般要求，包括：仔细勘察、记录各种现象，并进行必要的技术测量；记录特种设备的承压、承重部件，事故发生部位及周围设施损坏情况，要注意检查安全附件及安全保护装置等情况。

10.5.2 人员伤亡情况的调查，包括事故造成的死亡、受伤［重伤、轻伤可按《企业职工伤亡事故分类》（GB 6441）界定］人数及所处位置，伤亡人员性别、年龄、职业、职务、从事本职工作的年限、持证情况等。

10.5.3 事故现场破坏情况的调查，主要包括设备损坏的状况，设备损坏导致的现场破坏情况与波及范围，拍摄现场照片，绘制现场简图，记录环境状态。如属爆炸事故，应当寻找爆炸源，收集设备爆炸碎片及其残余介质。

10.5.4 设备本体及部件损坏情况的调查，主要包括：

（1）保护好严重损伤部位（特别注意保护断口、爆破口），仔细检查断裂或者失效部位内外表面情况，检查有无腐蚀减薄、材料原始缺陷等。

（2）测量断裂或者失效部件的位置、方向、尺寸，绘出设备损坏位置简图。

（3）收集损坏碎片，测量碎片飞出的距离，称量飞出碎片的重量，绘制碎片形状图。

（4）对无碎片的设备，应当测量开裂位置、方向、尺寸。

10.5.5 安全附件、安全保护装置、附属设备（施）损坏情况的调查。

（1）安全附件，主要包括安全阀、压力表、液（水）位计、测温仪表、减压阀、爆破片装置、安全联锁装置、紧急切断装置等。

（2）安全保护装置，主要包括高低水位报警装置、超温超压报警或者保护装置、低水位联锁保护装置、炉膛熄火保护装置等。

（3）事故涉及的特种设备的附属设备（施）。

10.5.6 事故发生过程中采取的应急措施与应急救援情况。

10.5.7 需要调查的其他情况。

11 附　　则

11.1 有关术语和定义。编制应急预案时，涉及的专用或专有名词术语应当进行定义。

11.2 预案的实施和生效时间。

11.3 制定与解释。明确应急预案负责制定与解释的部门。

12 附　　件

12.1 重点设备事故处理方案。

12.2 相关的图表。

（1）应急救援指挥机构和相关人员岗位组织图。

（2）特种设备登记列表和分布图。

（3）重大事故灾害影响范围预测图。

（4）应急机构、队伍、人员通信联络表。

（5）应急装备、设备、物资表。

（6）疏散线路图和安置场所分布图。

12.3　外部机构通信联络表。

（1）政府特种设备安全监督管理部门、上级主管部门和相应的应急中心及联络方式。

（2）医院、公安交通、消防等部门及联络方式。

（3）应急物资供应企业名录及联络方式。

（4）签订协议可求助的救援单位及联络方式。

说明：本预案是在国家质检总局特种设备事故调查处理中心发布的《电站锅炉事故应急救援预案指南》（YZ0104—2009）的基础上稍作改动而成。

附录C

某发电厂锅炉承压部件爆漏现场处置方案

1 总 则

1.1 编制目的

高效、有序地处理本企业锅炉承压部件爆漏突发事件，避免或最大程度地减轻锅炉承压部件爆漏造成的损失，保障员工生命和企业财产安全，维护社会稳定。

1.2 编制依据

《电力企业现场处置方案编制导则》

《××集团公司电力设备事故应急预案》

《××发电有限公司电力设备事故应急预案》

1.3 适用范围

适用于本企业锅炉承压部件爆漏突发事件的现场应急处置和应急救援工作。

2 事 件 特 征

2.1 危险性分析及事件类型

锅炉承压部件发生爆漏将直接影响锅炉正常运行，可能造成附近的其他锅炉辅机、锅炉控制系统等有关设备、设施损毁，同时在爆漏时或抢修过程中可能发生人身伤害。

2.2 事件可能发生的区域、地点

2.2.1 炉内管爆漏，主要是水冷壁、过热器、再热器和省煤器等受热面管道爆漏。

2.2.2 炉外管爆漏，主要是主蒸汽管道、再热蒸汽管道、给水管道、各部疏放水管道、各部取样管道等内部为高温、高压介质的管道爆漏。

2.2.3 汽包、下降管、各部集箱的爆漏，其主要发生在集箱堵头和焊缝处。

2.2.4 各部承压部件及管道的阀门、热工系统测点、热工仪表管座等的爆漏。

3 事前可能出现的征兆

3.1 炉内管爆漏征兆

（1）锅炉内有不正常泄漏响声，爆漏严重时，不严密处向外喷炉烟或蒸汽。

（2）炉膛及烟道负压减小或变正，摆动幅度较大。

（3）水冷壁或再热器大面积爆漏时，可能造成锅炉灭火。

（4）水冷壁、省煤器、过热器爆漏时，给水流量不正常地大于主蒸汽流量，锅炉汽压下降，汽温升高。

（5）爆漏侧烟气温度下降，爆漏处受热面后两侧烟温偏差增大。

（6）再热器爆漏时，再热器出口压力降低，机组负荷下降。

3.2　炉外管爆漏征兆

（1）有明显泄漏响声和蒸汽。

（2）高温、高压蒸汽管道爆漏时看不到蒸汽，但声音巨大。

4　应急组织及职责

4.1　应急救援指挥部

总指挥：总工程师。

成员：生产部主任、安监部主任、值长、当值运行人员、安监人员、爆漏设备所属单位人员。

4.2　指挥部人员职责

（1）总指挥的职责：全面指挥突发事件的应急救援工作。

（2）生产部、设备所属部门主任的职责：组织、协调本部门人员参加应急处置和救援工作。

（3）值长的职责：汇报有关领导，组织现场人员进行先期处置。

（4）运行人员的职责：发现异常情况及时汇报，做好运行方式的调整和故障设备的隔离。

（5）检修人员的职责：及时赶赴现场，了解、分析现场状况，消除设备缺陷。

（6）安监人员的职责：监督安全措施落实和人员到位情况。

5　应　急　处　置

5.1　现场应急处置程序

（1）锅炉承压部件爆漏突发事件发生后，值长立即向应急救援指挥部汇报，同时上报电网调度部门。

（2）该方案由生产副厂长宣布启动。

（3）运行人员在值长的统一指挥下，按照规程处理。

（4）应急处置人员在接到通知后，立即赶赴现场进行应急处理。

（5）锅炉承压部件爆漏进一步扩大时，启动《电力设备事故应急预案》，发生人员伤亡时启动《人身事故应急预案》。

5.2　现场应急处置措施

5.2.1　运行方面的现场处置。

（1）汇报值长。

（2）泄漏不严重时，降低负荷，加大给水量，维持各参数，密切注意炉内燃烧情况，做好申请停炉的准备。

（3）破坏严重，不能维持正常运行时，应紧急停炉，维持通风系统运行，以排除炉内烟气和蒸汽。

（4）停炉后应尽量维持汽包水位。

（5）根据检修要求采取消压放水等安全措施。

（6）抢修完毕后，恢复锅炉运行。

5.2.2 检修方面的现场处置。

（1）停炉降压后，将锅炉燃烧室各部人孔门打开通风降温，并初步判断爆漏情况。

（2）降压放水后，将怀疑爆漏处炉墙保温拆除或炉内条件允许后进入锅炉内部，确定爆漏区域。

（3）组织抢修力量，准备抢修所需材料、工器具等，装设照明后，搭设脚手架或炉内升降平台。

（4）办理工作许可手续，仔细检查漏点及附近管子损伤情况，分析原因，并确定抢修方案。

（5）对爆漏处进行抢修。

5.2.3 根据现场恢复情况，由总工程师宣布事故应急处理情况的终止，生产秩序和生活秩序恢复为正常状态。

6 事件报告流程

6.1 值长立即向电网调度汇报故障情况（包括机组掉闸情况、开关及保护动作情况，表计指示及光字报警等）、设备损坏情况以及故障设备隔离情况。

6.2 事件扩大引发人身、设备事故后，由厂长向上级主管单位、当地政府安全监督部门、能源主管机构汇报事故信息，最迟不超过1h。

6.3 事件报告要求事件信息准确完整、事件内容描述清晰；事件报告内容主要包括事件发生时间、事件发生地点、事故性质、先期处理情况等。

7 注 意 事 项

7.1 对爆漏处进行隔绝或检查爆漏点时要两人进行，禁止单人进行检查或操作，并按照规定穿热力隔绝服装，和控制室保持通信联系畅通。

7.2 抢险储备物资要定期检查、试验，确认完好。备件损坏或数量不足时，及时修复或联系购买。

7.3 严格执行应急救援指挥部下达的应急救援命令，正确执行应急救援措施，避免因救援对策或措施执行错误造成事故进一步扩大或人员伤亡重大事件的发生。

7.4 如有人员伤害，应急救援人员在实施救援前，要积极采取防范措施，做好自我防护，防止发生次生事故。

7.5 在急救过程中，遇有威胁人身安全情况时，应首先确保人身安全，迅速组织脱离危险区域或场所后，再采取急救措施。

8 附 件

8.1 应急部门、机构或人员的联系方式。

8.2 生产部、运行部、热机队、安监部主任的联系方式。

8.3　应急设施、器材和物资清单，见表C.1。

表C.1　　**应急设施、器材和物资清单**

序号	防护品名称	型号	数量	存放地点	联系电话
1	防烫服		2套	4号机集控室	
2	防烫服		2套	5号机集控室	
3					
4					
5					
6					

8.4　应急救援指挥位置及疏散、救援路线。

应急救援指挥位置设于4、5号机组控制室。

疏散路线：4、5号机组控制室→运转层→锅炉零米层→主厂房西侧、南侧马路。

救援路线：检修大院→锅炉零米层→运转层→事故现场→沿疏散路线撤离。

8.5　相关文件。

(1) 与现场处置方案相关或相衔接的应急预案主要有《电力设备事故应急预案》《人身事故应急预案》等。

(2) 集控运行、检修等相关操作规程。

8.6　关键的路线、标识，见图C.1。

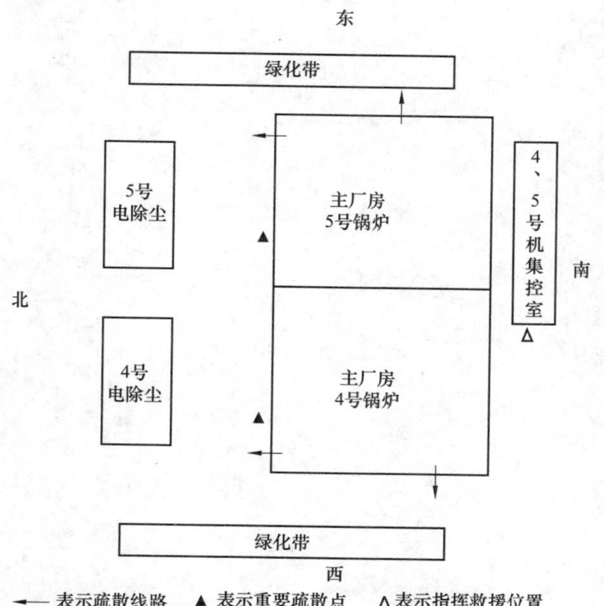

图C.1　关键路线、标识

参 考 文 献

[1] 吕俊复，张建胜，岳光溪. 循环流化床锅炉运行与检修. 北京：中国水利水电出版社，2003.